BERND HACKL
KATJA SCHNABEL

Die pferde PROFIS

KOSMOS

INHALT

5 **Wango – Ein Huzule außer Rand und Band**
7 Wango und Lara

23 **Don – ein „fürchtbarer" Spanier**
25 Don und Katja

37 **Nirano – ein Unfall mit Folgen**
39 Nirano und Johanna

55 **Felix – der Glückliche**
57 Felix und Nadine

75 **Layla – die eigensinnige Kaiserin**
77 Layla und Mandy

98 **Apollo – der Showmaker**
101 Apollo und Anett

116 **Marie – die Impulsive**
119 Marie und Nicole

WANGO

– EIN HUZULE AUSSER RAND UND BAND

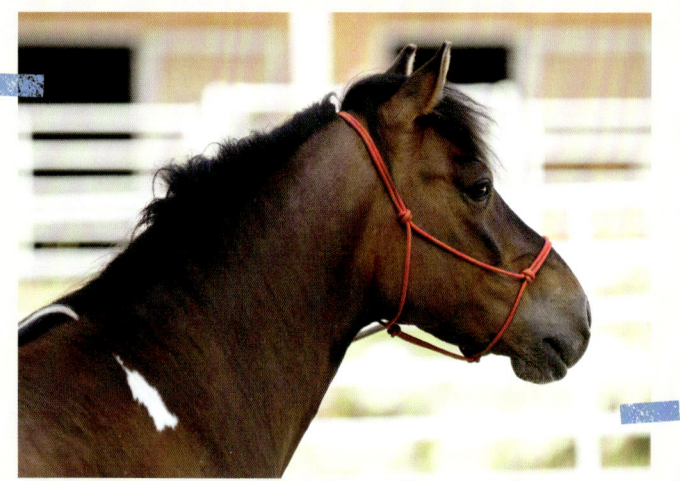

SELBSTBEWUSST
Wango sieht man seinen starken Willen bereits an.

Wango und Lara

Der Huzule ist eine Ponyrasse und kommt aus der „Huzulei", Osteuropa. Diese Pferde sind als Zug- und Tragtiere im Einsatz. Durch ihre Härte und Trittsicherheit eignen sie sich besonders gut für den Einsatz auf Geröllfeldern und schwierigem Gelände.

Die 24-jährige Lara ist mit ihrem Latein am Ende. Als sie im Sommer 2019 den Huzulenwallach Wango im Gelände zur Probe reitet, weiß sie, dass das ihr Freizeitpferd und der neue Freund ihrer Stute sein wird, und kauft das nach Angaben des Verkäufers gerittene und gefahrene Anfängerpferd. Zu dem Zeitpunkt weiß sie noch nicht, was ihr noch blühen wird. Lara will gleich alles richtig machen und bringt ihr Pony direkt zur Trainerin, die auch ihre Stute trainiert.

ERNSTE PROBLEME

Bei der Trainerin zeigt Wango schnell seine andere Seite: Kein Respekt vor dem Menschen, Losreißen und Auskeilen beim Longieren und sich möglichst der Arbeit entziehen. Die Trainerin kommt nicht weiter und Wango zieht viel früher als geplant in sein eigentliches Zuhause ein. Dort freundet er sich schnell mit der Stute an, mit der er zusammen im Offenstall steht. Dieser wurde extra für ihn umgebaut, um möglichst kurze Wege zu haben. Denn auch das Führen ist ein Problem. Er kommt zu nah an den Menschen, hält keinen Abstand, reißt sich los und keilt nach hinten aus. Das bekommt Lara unmittelbar zu spüren. Der Wallach macht selbst vor Zäunen nicht halt. Selbst bei den alltäglichsten Dingen wie Hufe auskratzen kommt Lara schnell an ihre Grenzen, wenn Wango ständig nach ihr tritt und die Hufe wegzieht. Laras Verzweiflung ist mittlerweile so groß, dass sie ihre Tränen nicht mehr zurückhalten kann. Anstatt eines Anfängerpferdes mit Ambition zu reiten, hat sie nun ein Problempferd, mit dem sie nicht einmal spazieren gehen, geschweige denn es longieren oder mit ihm arbeiten kann. Ihn wieder abzugeben ist undenkbar, vor allem, weil sie der Stute ihren neuen Freund nicht nehmen möchte. Lara wünscht sich sehr, dass Wango händelbar wird und man ihn zumindest führen und longieren kann.

Wango ist neugierig, aber misstrauisch.

DIE EINSCHÄTZUNG DES PFERDEPROFIS

Als ich das Castingvideo von Wango sehe, bin ich schockiert darüber, dass sich ein kleines Pony so aufführen kann. Mein erster Gedanke ist allerdings, dass das Problem vielleicht gar nicht so groß und mit ein bisschen Basistraining leicht zu beheben wäre. Vor allem ist Wango ja angeblich schon trainiert und reitbar, da kann es doch nicht so schwer sein, ihn zu korrigieren und davon zu überzeugen, dass sich Mitarbeit lohnt und Spaß macht. Im Casting war deutlich zu sehen, dass Wango seine Besitzerin ziemlich durch die Gegend schiebt und sich scheinbar einen Spaß daraus macht, Lara zu veräppeln. Am Grad der Verzweiflung der Besitzerin konnte man sehen, dass sie drauf und dran war, das Pony wieder abzugeben, auch wenn es ihr nicht leichtgefallen wäre.

Eigentlich wollte ich den kleinen Kerl gar nicht ins Training nehmen, weil ich mit dem Pony nur Bodenarbeit machen kann, aber nicht reiten, da ich zu schwer und zu groß für ihn bin. Doch Laras Tränen haben mir dann letzten Endes das Herz erweicht und ich habe zugesagt.

DIE ERSTE BEGEGNUNG

Als ich bei Lara und Wango im Stall ankomme, fällt mir auf, dass Lara zugunsten von Wango sehr viel baulichen Aufwand betrieben hat, um das Zusammenleben mit ihm so angenehm und einfach wie möglich zu gestalten. Extra für den kleinen Kerl wurde ein Roundpen gebaut und alle Wege so angelegt, dass er auf dem Weg dorthin möglichst nicht flüchten kann. Alle Gegebenheiten wurden so verändert, dass man irgendwie mit diesem Pony klarkommt. Man hat versucht zu verhindern, dass die Arbeit mit ihm gefährlich wird. Außerdem hat man ihm extra noch einen weiteren Kumpel besorgt, mit dem er seinen übermäßigen Spieltrieb und Bewegungsdrang voll und ganz ausleben kann.

In kurzen Worten: Aus meiner Sicht wurde sehr viel Aufwand betrieben, damit dieser kleine verzogene Sack möglichst wenig Umstände hat und weiterhin seinen Kopf durchsetzen kann.

Vor Ort möchte ich das Problem der beiden live und in Farbe sehen. Lara beginnt mit Wango zu arbeiten und anfangs ist es gar nicht so dramatisch. Nach ungefähr fünf Minuten wird er allerdings immer angespannter und man sieht ihm richtig an, dass er stinksauer wird. Nachdem er Lara quer durch die Gegend zieht und versucht sich loszureißen, fängt er an, seine Besitzerin zu bedrohen. Dabei legt er die Ohren nach hinten und teilweise sieht es so aus, als wolle er Lara angreifen.

Solange alles läuft, wie Wango will, ist alles gut!

Zunächst bewege ich Wango frei im Roundpen.

Ein weiteres großes Thema ist seine Pferdefreundin, von der er natürlich nicht wegmöchte. Es sind insgesamt drei Pferde in diesem Stall: ein Pony, eine bunte Paintstute und Wango. Wango ist der Haremskönig und mir ist sofort klar, dass hier alles nach seiner Pfeife tanzt, inklusive der Besitzerin. Nachdem ich mir angeschaut habe, was Lara hier so an Bodenarbeit mit ihm macht, wird mir schnell klar, dass es keine deutliche Führung gibt. Ihre Körpersprache ist nicht eindeutig, sie ist extrem unsicher im Auftreten und die ganze Sache ist von einem Schatten der Angst überlagert. Lara traut sich nicht, sich wirklich durchzusetzen.
Als feststeht, dass Wango zu mir auf die 7P-Ranch nach Michelsneukirchen kommt, erlöse ich sie vom Training. Wir vereinbaren, dass Lara ihren Wango zu mir nach Bayern fährt, wo ich dann gezielt und täglich mit ihm arbeiten kann.

UMZUG NACH BAYERN

Was Wango von der Reise nach Bayern hält, zeigt er ziemlich schnell. Nach fünf Minuten geht er bereits das erste Mal stiften. Er reißt sich los und läuft zum Gras.
Wango hält auch nicht viel von Elektrozäunen, deshalb bauen wir erst einmal einen ausbruchsicheren Paddock für ihn, woraufhin der kleine Terrorist versucht, sich unter den Panels hindurch freizugraben.

DAS TRAINING BEGINNT

Am Tag nach seiner Ankunft beginnt das Training mit ihm. Lara, Wango und ich machen uns auf den Weg zum Roundpen, doch bereits auf dieser kurzen Strecke zeigt der freche Huzule, was in ihm steckt. Kurzerhand reißt er sich einfach wieder los und rennt weg. Zum Glück ist Wango verfressen und wird durch einen nahen Grasstreifen gebremst. Ich

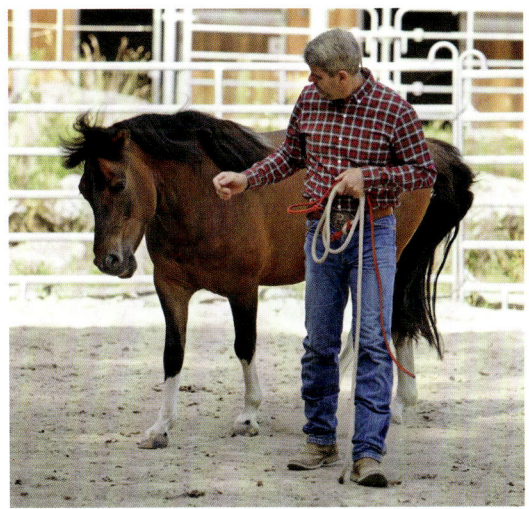 

Auf meine Einladung lässt er sich ein. Doch genauso schnell ist er auch wieder weg.

fange ihn wieder ein und bringe ihn in den Roundpen. Dort geht der Ärger jetzt aber erst richtig los. Nach anfänglichen fünf Minuten, in denen Wango scheinbar die Lage checkt und ich mir denke: „Schau mal an, die bayerische Luft macht dieses Pony scheinbar brav", zeigt er sich dann doch genauso wie zu Hause. Der Unterschied ist, dass ich nicht so leicht nachgebe wie Lara. Allerdings sollte ich dafür sofort die Quittung bekommen. Nicht nur, dass Wango abhauen will, er steigt mich jetzt auch mehrmals an und versucht mich aus dem Weg zu schieben. Da Wango an der Hand sehr unkooperativ ist, entscheide ich mich dazu, ihn erst einmal frei zu arbeiten. Ich nehme ihm das Knotenhalfter ab und schicke Wango um mich herum los. Doch davon ist er nicht so begeistert. Ich muss ihm deutlich sagen, dass er sich in Bewegung setzen soll. Respekt vor dem Menschen – Fehlanzeige.

Durch Tritte in meine Richtung und kleine Scheinangriffe will mir Wango seinen Standpunkt eindringlich klarmachen und mich darauf vorbereiten, dass es auch durchaus ungemütlich mit ihm werden könnte. Ich lasse mich nicht einschüchtern und trete ihm selbstbewusst bei jedem seiner Angriffe entgegen. Groß beeindrucken lässt sich Wango zwar nicht, entscheidet aber doch nach ungefähr 20 Minuten, sich die ganze Sache mal anzusehen. Er schenkt mir seine Aufmerksamkeit und beginnt zögerlich, sich mir anzuschließen. Seine Konzentration ist immer nur kurz bei mir. Immer wenn es ihm passt, läuft er einfach wieder weg. Es dauert jedes Mal relativ lange, bis ich ihn wieder dazu bringe, sich mir anzuschließen. In einem günstigen Augenblick beschließe ich, ihn wieder an das Knotenhalfter zu nehmen, um besser auf ihn einwirken zu können.

TRAININGSANSATZ

Ich bin der Meinung, dass auch Pferde lernen können, mit der Aufmerksamkeit länger bei der Sache zu bleiben. Das scheint ein Grundproblem bei Wango zu sein, und über das Knotenhalfter wäre es mir möglich, Aufmerksamkeit einzufordern, wenn sie verloren geht. Die Kontrolle über die Beine ist bei der Bodenarbeit mein erster Ansatz.

Um mir Respekt zu verschaffen, muss Wango verstehen und einsehen, dass ich seinen Körper bewegen kann. Ich will als Erstes die Vor- und die Hinterhand des Ponys bewegen. Wango sieht das allerdings ganz anders und lässt sich nicht lange bitten – er macht den Körper steif und haut ab. Wieder und wieder flüchtet Wango. Ich reagiere nicht emotional, fange ihn einfach ruhig wieder ein und beginne von Neuem. Als Wango merkt, dass ihm die Flucht nichts bringt, zieht er ein neues Register. Er bedrängt mich massiv, droht und steigt mich sogar

Am Knotenhalfter kann ich besser auf Wango einwirken.

teilweise an. Ich lasse mich auch jetzt nicht provozieren und arbeite ruhig mit ihm weiter. Als Wango einigermaßen kooperativ wird, beende ich das Training und denke mir: Morgen ist auch noch ein Tag.

Sein Verhalten wird mit zunehmender Arbeit jedoch nicht besser und nach ein paar Tagen beginnt Wango tatsächlich, mich anzugreifen. Er beißt mich in die Schulter, steigt mich an und versucht mich zu Boden zu drücken. Wango will beweisen, was für ein harter Kerl er ist, und zieht die Nummer mit dem Angreifen noch weitere Male durch. Da er zum Glück nicht groß ist, gehen diese Angriffe glimpflich aus. Außer ein paar blauen Flecken und kleinen Kratzern ist nichts passiert.

An dieser Stelle muss man erwähnen, wäre Wango kein Pony, sondern ein „richtiges" Pferd, hätte ich das Risiko für meine Belegschaft und mich vermutlich nicht in Kauf genommen und den Fall abgelehnt. Denn als Chef unseres Trainingsbetriebs bin ich verantwortlich für meine Mitarbeiter, die ja ebenfalls mit den Trainingspferden umgehen. Es wäre auch nicht auszudenken, was passieren könnte, wenn eines meiner Kinder auf die Idee käme, in den Paddock zu klettern ...

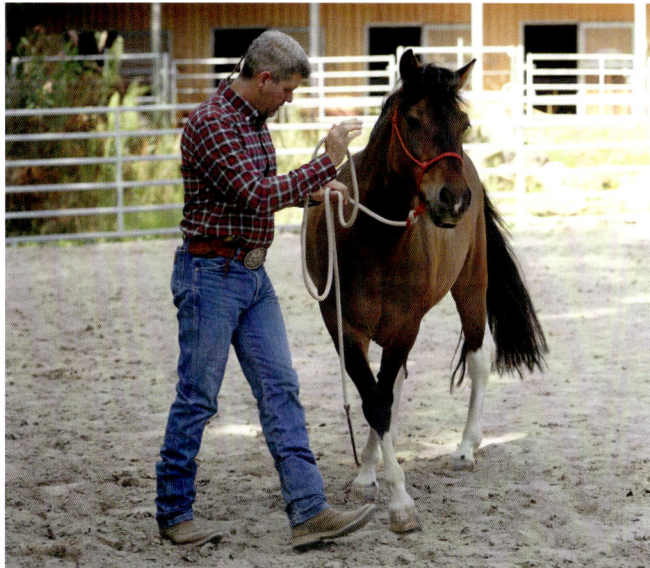

Am Boden möchte ich zunächst die Kontrolle über Hinterhand und Vorhand bekommen.

Erst einmal passt es Wango gar nicht, dass ich von Fips aus mit ihm arbeiten möchte.

EINSATZ VON FIPS

Um größeren Ärger mit dem Krawallbruder zu vermeiden, beende ich diese Trainingseinheit auch ohne ein akzeptables Ergebnis. Mir wird klar, jetzt wird es Zeit für die Kavallerie – hier brauche ich dringend Unterstützung von meinem Ponyhorse Fips. Die erste Einheit mit Fips findet selbstverständlich auch in einem unserer Roundpens statt. Zunächst beginne ich damit, Wango frei, auf Fips sitzend, vorwärtszuschicken. Bereits der Anfang stellt sich als schwierig heraus, da Wango extrem unkooperativ auf Fips reagiert. Der Masse und der Schlauheit von Fips ist es zu verdanken, dass Wango endlich begreift, dass er seinen Dickschädel nicht immer durchsetzen kann und es besser ist zu kooperieren. Fips hat Wango leichterhand die Wege abgeschnitten und ihm so verdeutlicht, dass er schneller ist als der Huzule und die Oberhand hat.

Nachdem Fips und ich uns Akzeptanz verschafft haben, nehme ich Wango wieder ans Knotenhalfter und beginne ihn von Fips aus zu arbeiten, denn durch die Freiarbeit hat sich die Halterführigkeit noch nicht verändert. Ich habe den Führstrick mit einer gewissen Technik um das Sattelhorn geschlagen und Fips und mich so positioniert, dass Wango, um gegenzuhalten, sein Gewicht verlagern muss. Daraus ergibt sich eine gute Möglichkeit für Fips, den unkooperativen Wango zu bewegen.

Mit jedem Tag Arbeit verbessert sich Wangos Verhalten gegenüber Fips und mir und der kleine Kerl wird

1 Wango möchte ich von Fips aus bewegen.

2 Fips zeigt Wango mit deutlicher Körpersprache, was er zu tun hat.

3 Den Führstrick befestige ich so am Sattelhorn, dass er im Notfall schnell zu lösen ist.

zunehmend friedlicher und besser im Umgang. In den nächsten Trainingseinheiten setze ich trotzdem auf Fips' Unterstützung, wobei ich ihn manchmal auch nur in die Mitte des Roundpens stelle, sodass er präsent, aber passiv ist. Wangos Verhalten mir gegenüber, wenn ich vom Boden aus mit ihm arbeite, bessert sich von Einheit zu Einheit. Er ist schon ab und zu noch grantig, greift mich aber nicht mehr aktiv an. Auch der Weg zum Paddock gestaltet sich nur noch halb so abenteuerlich, da sich die Halterführigkeit durch die Arbeit mit Fips enorm verbessert.

Nach einigen Fluchtversuchen kann ich Wango auch in Biegungen führen.

Die Leinen für das Fahren vom Boden befestige ich seitlich am Knotenhalfter.

TRAINING MIT LARA

Die Bewegung seiner Beine und die Kontrolle über seine Vor- und Hinterhand haben wir nun erreicht; somit ist es an der Zeit, Lara wieder mit ins Training einzubeziehen. Das Hauptaugenmerk liegt darauf, dass Lara präsenter wird, an ihrem Auftritt und ihrer Wirkung gegenüber Wango arbeitet. Anfangs fällt es ihr schwer, über ihren Schatten zu springen, da die Erlebnisse mit ihrem Huzulen teilweise nicht ohne waren. Ich erkläre Lara, wie sie Wangos Beine kontrollieren kann, und zeige ihr verschiedene Bodenarbeitsübungen mit ihm. Nach einigen Wiederholungen klappt es auch gut und Wango versteht, dass er auch Lara respektvoll gegenübertreten soll.

FAHREN VOM BODEN

Somit ist es Zeit für den nächsten Schritt, nämlich das Fahren vom Boden. Ich verwende ein Knotenhalfter und ein Barebackpad und beginne Wango im Roundpen erst nur mit einer Leine zu lenken, sodass er lernen kann, was ich von ihm möchte. Wichtig ist hier, dass Wango dem Druck der Leine nachgibt und nicht abhaut, da ich mich bei dieser Arbeit in einem angemessenen Abstand hinter ihm befinde. Ich bin überrascht, dass die

Obwohl es für Wango neu ist, lässt er sich schnell auf die Arbeitsweise ein.

Gut gemacht! Ein positiver Abschluss ist wichtig, um am nächsten Tag mit neuem Schwung weiterzumachen.

Vorbereitung so problemlos verläuft. Nachdem der Huzule die Basics verstanden hat und nachgiebig wird, schnalle ich auch die zweite Longe ein. Hier zeigt Wango wieder, dass er einen überaus starken Willen hat und sehr selbstbewusst ist. Er versucht immer wieder, aus der Nummer rauszukommen, und ich habe alle Hände voll zu tun, ihn immer wieder abzufangen. Entweder rennt er weg oder will mich beißen. Doch steter Tropfen höhlt den Stein, nach einiger Zeit legt sich sein Widerstand und er beginnt zu kooperieren. Das Fahren vom Boden ist nun die nächste Zeit an der Tagesordnung.

FAHREN VOM BODEN

Das Fahren vom Boden gehört bei mir zum Basisprogramm für alle Pferde. Bei dieser Arbeit lernen die Pferde vorauszulaufen und sich in allen Grundgangarten weich lenken und bremsen zu lassen. Sinnvoll vorbereitet, ist es in der Regel für die Pferde leicht umsetzbar. Das Fahren vom Boden ist wie Reiten, ohne aufzusteigen, und somit eine gute und wichtige Vorbereitung.

SPAZIERENGEHEN

Ein weiterer Punkt im Training mit Wango ist das Spazierengehen, da es einer von Laras Wünschen ist. Beim Laufen durch den Wald ist mir allerdings klar, dass das einfach zu langweilig ist, für das Pony und für mich. So entscheide ich mich, Wango in unserem Extreme Trail Park zu schulen. Denn hier muss der kleine Mann gut zuhören, auf mich achten und gleichzeitig seinen Kopf bei der Sache haben. Da meine Co-Trainerin, Kerstin Rester, bei uns auf der 7P-Ranch für die Abteilung Extreme Trail zuständig ist, hole ich sie zum Training mit Wango dazu, um auf ihren reichhaltigen Erfahrungsschatz zurückgreifen zu können.

EXTREME TRAIL PARK

Der Anfang mit ihm ist ziemlich holprig. Er rutscht immer wieder in sein altes Muster, will nicht zuhören, reißt sich los, springt unkontrolliert aus den Hindernissen. Da der Huzule an sich gemacht ist für schwieriges Gelände und Geröllfelder, bin ich mir sicher, dass die Arbeit im Extreme Trail Park genau das Richtige für Wango ist. Dieses Pony muss einfach durchlässig werden, und zwar nicht durchlässig im klassischen Sinn, sondern durchlässig in der Psyche. Er muss verstehen und lernen, dass er kooperieren muss und dass es vor allem für ihn einen Mehrwert hat, das zu tun – nämlich Spaß und eine Partnerschaft mit den Menschen.

Die ersten Versuche von Wango sind schwierig...

...doch es stellen sich bald Erfolgserlebnisse ein.

Hier stellt sich nun heraus, dass es ein hervorragender Schachzug war, Kerstin ins Training miteinzubeziehen, da Wango von Person zu Person einen großen Unterschied macht. Nur weil verschiedene Dinge bei mir funktionieren, bedeutet das noch lange nicht, dass er auch bei Kerstin kooperiert und umgekehrt. Mir ist es wichtig, dass Wango jedem Individuum respektvoll gegenübertritt, weshalb ich zusätzlich zu Kerstin und mir nun auch Daniela, die ebenfalls bei uns im Trainerteam mitarbeitet, dazuhole. Jetzt sind wir also schon zu dritt, was die Möglichkeit, Wangos Verhalten gegenüber anderen Menschen zu relativieren, immens erhöht.

So steigen unsere Chancen, dass Wango damit aufhört, Menschen in Frage zu stellen, da bei ihm zu Hause ja nicht nur Lara, sondern auch ihre Familienmitglieder und ihr Lebensgefährte mit ihm umgehen müssen. Nach einigen Wochen Arbeit, Geduld und Spucke ist Wango nicht mehr wiederzuerkennen. Er ist super bemüht beim Fahren vom Boden, und auch die Einheiten im Extreme Trail Park machen ihm sichtlich Spaß. Hier kann ich sogar den Schwierigkeitsgrad erhöhen.

EXTREME TRAIL

Extreme Trail ist eine Trainings- und Turnierdisziplin, reitweisenunabhängig und für alle Pferderassen geeignet. In Deutschland gibt es mittlerweile mehrere Parks. Bei dieser Sportart geht es darum, zusammen mit seinem Pferd vom Boden aus und in gerittener Weise verschiedene Hindernisse in einem ruhigen Tempo zu bewältigen. Es geht steil bergauf und bergab über mächtige Baumstämme, durch Wasserfurten, über verschiedene Stufen und Hängebrücken. Unwegsames Gelände wird nachempfunden und auch große Steinfelder sind zu bewältigen. Wichtig ist die Zusammenarbeit zwischen Mensch und Pferd, um Unfälle oder Verletzungen zu vermeiden.

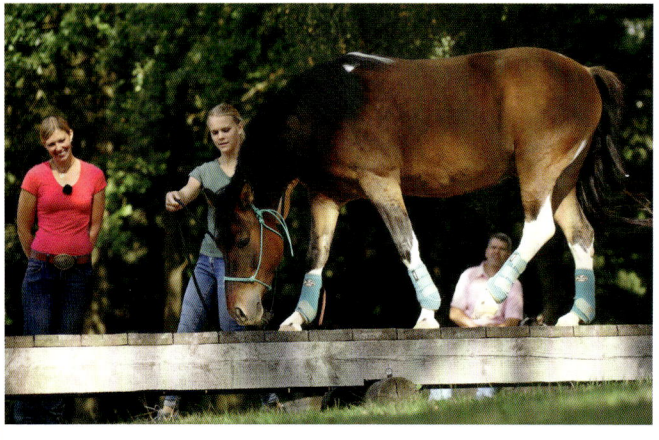

1

hat. Sowohl einfache Hindernisse, als auch z. B. der kleine Schwebebalken, bei dem Wango nur eine ca. 30 cm breite Trittfläche zur Verfügung hat und zusätzlich dazu eine gewisse Höhe besitzt, meistern die beiden sehr selbstsicher. Auch die Wippe macht keinerlei Schwierigkeiten und sowohl Laras Anweisungen als auch Wangos Verhalten auf diese wirken souverän. Die letzte Feuerprobe für die beiden findet im Roundpen statt. Wir beginnen mit dem Fahren vom Boden. Lara hat sehr an sich gearbeitet und tritt ihrem Wallach sicher gegenüber. Diese Trainingseinheit beginnt super. Beide

1 Mit Kerstin an ihrer Seite lernt Lara schnell, wie sie Wango über die Hindernisse leiten kann.

2 Wango lässt sich von Lara zum Zaun dirigieren.

3 Erfolgserlebnis: Lara reitet ihren Wango.

TRAINING MIT LARA

Nun ist es an Lara, zu beweisen, dass sie selbstbewusst mit ihrem Wango umgehen kann.

Das Training beginnt im Extreme Trail Park. Kerstin erklärt Lara kurzerhand die Basics, die zu beachten sind. Auch hier sind Körpersprache und Präsenz von Lara extrem wichtig. Wango ist im Park zu einem kleinen „Düpferlscheißer" geworden und reagiert somit auch auf kleine Unstimmigkeiten. Seine Besitzerin schlägt sich allerdings sehr tapfer und arbeitet verschiedene Hindernisse ohne große Schwierigkeiten mit ihrem kleinen Huzulen durch. Der Richtungswechsel von der einen auf die andere Seite ist anfangs noch etwas holprig, weil Wango versucht, Lara nochmal auszutricksen. Lara bekommt diese Situationen allerdings schnell in den Griff und man merkt, dass sich ihr Selbstbewusstsein sehr zum Positiven verändert

2

3

machen einen tollen Job! Wango lässt sich im Schritt, Trab und Galopp brav von seiner Besitzerin lenken und arbeiten.

Als Nächstes zeige ich Lara, wie sie Wango anrangieren und sich vom Zaun aus abholen lassen kann. Auch diese Übung klappt wie am Schnürchen. Lara reitet ihren Wango im Schritt und ist überglücklich. Ich erkläre ihr, wie sie Wangos Beine auch von oben kontrollieren kann. Aufgrund meiner Größe und meines Gewichts konnte ich Wango nicht reiten. Hier muss Lara zu Hause dranbleiben und üben, üben, üben …

Für die Zukunft ist es sehr wichtig, dass Lara am Ball bleibt und die neu gelegte Basis weiter fördert. Im Umgang mit diesem festen Charakter ist Konsequenz von allergrößter Wichtigkeit. Pferde wie Wango benötigen eine konsequente Struktur, die eingehalten und durchgezogen werden muss. Sobald er seine Grenzen überschreitet, ist es nun an Lara, ihn zu korrigieren und zu erinnern, dass man sich immer am Menschen respektvoll orientiert. Wenn Lara das weiterhin beherzigt und durchzieht, hat sie einen Kumpel an der Seite, der mit ihr durch dick und dünn geht.

4 In Zukunft muss Lara mit Wango noch viel trainieren.

4

DON
– EIN „FÜRCHTBARER" SPANIER

EIN PFERD MIT ZWEI GANGARTEN
Bei Don ging es entweder rasant nach vorne oder gar nicht.

Don und Katja

Als ich das Castingvideo von Don das erste Mal zu Gesicht bekomme, fällt mir auf, dass die Einschätzung der Besitzerin Katja nicht ganz zu Dons Verhalten passt, das er nachfolgend im Video präsentiert.

Katja beschreibt ihr Pferd als extrem ängstlich und unsicher. Bei der ersten Sichtung des Castingmaterials wird mir klar, dass Don dieses „Angstverhalten" sehr gut nutzt, um Katja zu verunsichern. Mir erscheint dieses Pferd eher als extrem ungehobelt, respektlos und unerzogen.

Zu sehen ist ein Pferd, das nur zwei Gangarten kennt, nämlich Stopp und Vollgas. Erst sucht der Wallach sich einen Punkt am Horizont, vor dem er sich zu fürchten scheint. Sobald Katja ebenfalls versucht, das Objekt auszumachen, gibt Don Gas, rennt seine Besitzerin fast um und beginnt, ihr mit seinem Verhalten Respekt einzuflößen, was ihm auch gelingt. Beim Reiten ist deutlich zu erkennen, dass Don sie überwiegend ignoriert und ihn die Anwesenheit von Katja auf seinem Rücken nicht die Bohne interessiert. Was aus meiner Sicht deutlich zu erkennen ist, ist ein Pferd, das in seinen Bemühungen, herumzutoben, keinerlei Kontrolle über seinen eigenen Körper besitzt. Bei einem Pferd spanischer Abstammung erwartet man eher grazile Bewegungen, von diesen allerdings ist Don sehr weit entfernt. Katjas Einschätzung aufgrund seines Verhaltens ist, dass es sich hierbei um ein sehr sensibles Pferd handeln muss. Ich bin eher der Meinung, es handelt sich bei diesem Spanier um ein außergewöhnlich schlaues Pferd, das sehr gut gelernt hat, seine Besitzerin zu lesen. Ein Reitunfall, bei dem sich Katja verletzte, brachte das Fass zum Überlaufen. Da auf beiden Seiten das Vertrauen faktisch nicht mehr vorhanden ist, stellt sich Katja die Überlegung, sich entweder Hilfe zu suchen oder unter Umständen sogar das Pferd abzugeben, was ich natürlich vermeiden möchte.

UNSERE ERSTE BEGEGNUNG

Da ich ja die Problematik der beiden aus dem Castingvideo kenne und mir Katja von ihrem Unfall erzählt, will ich kein weiteres Risiko eingehen und verzichte darauf, mir das Pferd vorreiten zu lassen. Katja und ich gehen zu Don auf das Paddock, um ihn abzuholen. Allerdings ist es scheinbar kein guter Tag, um ein spanisches Pferd von der Koppel zu holen, da Don sich weigert, auch nur einen Schritt mit Katja mitzukommen. Er steht wie ein Sägebock mit langem Hals und Zug auf dem Halfter, aber seine Beine bewegt er nicht. Es dauert eine gefühlte Ewigkeit, bis Don sich Zentimeter für Zentimeter bewegt und dann endlich auf dem nahe gelegenen Reitplatz ankommt, auf dem bereits der Pferdehänger parat steht. Hier geht jetzt das Drama allerdings erst richtig los. Von der Idee, den Hof zu verlassen, hält Don offensichtlich gar nichts. Er steigt mich an, beißt in meinen Arm, versucht mich umzurennen ... kurzum, das ganze Programm. Mit viel Geduld entscheidet sich Don schließlich doch, den Widerstand aufzugeben, und es wird mir möglich, ihn einzuladen. Die Fahrt zur 7P-Ranch und das Ausladen verlaufen problemlos.

DAS TRAINING BEGINNT

Beim ersten Training auf der 7P-Ranch will ich einfach mal ausprobieren, was mit Don auf mich zukommt. Nach der Verladeeinheit in Dons Zuhause stelle ich mich auf das Schlimmste ein. Eigentlich ist Don ja ein recht cooler

Typ, der, wie beim Verladen zu sehen war, auch wirklich Druck verträgt, ohne hysterisch zu werden. So will ich zunächst einmal sehen, wie es um diese viel beschriebene Angstproblematik bestellt ist. Mit einem Knotenhalfter mache ich mich mit Don auf den Weg in den Roundpen. Mein Plan ist, ihn mit verschiedenen Sachen, wie z. B. Fähnchenstab und Plane, zu konfrontieren.
Außer ab und zu ein Zucken ist kein Anzeichen von Angst, geschweige denn Panik zu erkennen. Im Gegen-

Dons Aufmerksamkeit ist beim ersten Training bei allem anderen, nur nicht bei mir.

bringen, sich mir gegenüber zu öffnen und zumindest Interesse daran zu zeigen, was ich in der Hand habe, wohin ich mich bewege, ob ich ihn anspreche usw. Don ist mit seiner Aufmerksamkeit eher außerhalb des Roundpens bei unserem Kamerateam und beachtet mich wenig.

Als Nächstes verlasse ich mit Don den Roundpen, um einen kleinen Spaziergang zu machen. Wir marschieren an den Koppeln vorbei, in ein für Don unbekanntes Gebiet. Wenn er etwas Gruseliges entdecken möchte, dann jetzt. Fremde Pferde, Wald, Wiese, nebenbei ein Filmteam, was voraus- und hinterherläuft, kurzum – genug Gelegenheiten, um sich zu fürchten. Das Führen funktioniert relativ problemlos, wenn man das, was sich hier abspielt, als Führen bezeichnen kann. Don geht nicht nur mit, sondern eigentlich recht ignorant mehr oder weniger an mir vorbei und versucht, die Richtung zu bestimmen. Erstmal geradeaus, den lästigen Typen am Führstrick im Schlepptau. Er hat zwar „das Gebläse" an und läuft schnorchelnd neben mir, als er aber feststellt, dass ich auf dieses Geräusch nicht reagiere, beginnt er respektloser zu werden. Er zieht mich zum Gras, rempelt mich an, zwickt mich hin und wieder und versucht scheinbar, so herauszufinden, wo denn meine Reizschwelle liegt. Ich reagiere eigentlich auf keine seiner Aktionen, mache mir allerdings im Kopf bereits Notizen dafür, was der nächste Schritt sein wird, denn eine gute Idee ist goldwert.

teil, Don scheint die Dinge eher langweilig zu finden und behält die Umgebung im Blick. Er zeigt kein Interesse daran, mit mir zusammen Fähnchen, Plane usw. zu inspizieren, sondern wirkt eher abweisend und nicht an einer Kooperation interessiert. Was auf den ersten Blick recht positiv wirkt, dass er offensichtlich nicht wegrennt und flüchtet, ist auf den zweiten Blick aus meiner Sicht als Pferdetrainer alles andere als förderlich. Denn mein Anliegen im Training ist, das Interesse des Pferdes zu wecken und es dazu zu

HALFTERFÜHRIGKEIT

Zuerst hatte ich den Plan, einfach an der Halfterführigkeit zu arbeiten. Allerdings ist es mir erstmal wichtiger, Katja mit ins Training einzubeziehen, da ich möchte, dass sie versteht, wie wichtig Präsenz und Körpersprache im Umgang mit Pferden sind. Deshalb fällt die Wahl auf Freiarbeit im Roundpen.

Wieder bewegt sich Don nicht grazil und edel, wie man es eigentlich von einem spanischen Pferd kennt, sondern eher plump und unkontrolliert, wie ein Gummiball, der in eine Kiste geworfen wurde.

Nach ein paar Tagen intensiver Arbeit im Roundpen, in denen ich Don erklärt habe, wie wichtig es ist, auf Signale und vor allem Grenzen, die ich setze, zu achten, hole ich Katja mit dazu. Eine der wichtigsten Grundlagen für eine spätere Zusammenarbeit zwischen Katja und Don ist es, das Vertrauensverhältnis der beiden wiederherzustellen. Ich muss allerdings ehrlich zugeben, dass es mich sehr überrascht hat, wie unbefangen und locker Katja ab der ersten Sekunde im Roundpen ist. Der Grund dafür ist, dass sie Don nicht am Halfter hat und das Gefühl, ihn kontrollieren zu müssen, gar nicht erst aufkommt. Katja setzt die Übungen sehr gut um und innerhalb kürzester Zeit verdient sie sich dadurch die ungeteilte Aufmerksamkeit ihres Pferdes. Das Schönste an diesem Tag ist, zu sehen, wie bei Katja eine Last abfällt und das Gesicht zu strahlen beginnt.

1 Am Knotenhalfter lernt Don zunächst, meine Impulse auch von oben zu akzeptieren.

2 Für Don ist es schwierig zu begreifen, dass seine Hinterhand Last aufnehmen muss.

3 Die Vorhand bewegt er anfangs beinahe unabhängig von der Hinterhand.

2

3

Nichtsdestotrotz ist für mich das Thema Halfterführigkeit noch lange nicht erledigt. Dieses Problem nehme ich mir wiederum im Roundpen zur Brust. Wie bei allen Pferden ist auch bei Don wichtig, zunächst die Hinterhand und die Vorhand getrennt voneinander bewegen zu können.
Als es nun darum geht, am Knotenhalfter zu arbeiten, macht mich Don mit seiner impulsiven Seite bekannt, die ich ja bereits vom ersten Verladen her kenne. Er zieht nochmal alle Register, rempelt mich an, bedrängt mich und zwickt nach mir. Außerdem scheint es so, als würde Don aus zwei Teilen bestehen. Meistens bewegt er sich sehr langgezogen auf der Vorhand, und mir kommt es so vor, als wisse er gar nicht, wozu die Hinterhand dient, nämlich zum Lastaufnehmen, Schubliefern und Balancieren. Im Nachhinein betrachtet erklärt das seine plumpen Bewegungen. Scheinbar hatte Don verlernt, mit seinem Körper umzugehen, sei es aus Bequemlichkeit oder weil er einfach keine Idee hatte, wie er es umsetzen kann, sich auszubalancieren.
Durch mehrfache Wiederholungen und intensive Arbeit verändert sich langsam, aber sicher sein Bewegungsmuster und aus dem plumpen Gummiball wird nach und nach ein auch optisch schöneres Pferd, mit Muskeln und einer Idee, sich zu balancieren. Nun ist es an der Zeit, mit Don zu klären, dass er manche Dinge, die von ihm gefordert werden, nicht nur machen sollte, sondern auch machen muss.

VERLADETRAINING

Da es für mich keine Option ist, ob ein Pferd in einen Anhänger steigt oder nicht, beschließe ich, vor allem aufgrund der Erfahrung unseres ersten Treffens, das Verladen nochmal in Angriff zu nehmen. Mir ist klar: Wenn es irgendwo Ärger gibt, den wir klären können, dann ist es am Anhänger. Von Anfang an ist ein großes „Nein" in seinem Gesicht zu lesen, als Don den Anhänger in der Halle sieht. Wieder versucht er zu rempeln, zu zwicken und mich zu bedrängen, nur habe ich dieses Mal einen großen Vorteil auf meiner Seite: Ich kann seine Hinterhand bewegen und ihm somit zum einen jeden Schwung aus seinen Aktionen nehmen und zum anderen ihm dadurch eine Richtung geben, nämlich zum bzw. in den Anhänger. Als Don verstanden hat, dass er mit seinem Verhalten aus dieser Nummer so nicht rauskommt, bekomme ich seine Aufmerksamkeit und er scheint sich zu bemühen, MIT MIR eine Lösung zu suchen. Hier ist es nun ein Leichtes, ihm zu zeigen, dass ich auch den geringsten Versuch, für mich zu arbeiten, belohne, indem ich den Druck aus den Übungen nehme und ihm eine Pause gönne. Don leckt sich häufig seine Lippen, was bedeutet, dass er Stresssituationen auflöst und sein Geist von einer angespannten Fluchthaltung in ein eher entspanntes „Verarbeitungsverhalten" wechselt. Sein Verhalten ändert sich sogar so weit, dass er pflichtbewusst in den Anhänger „hineinzieht", um seine Kooperationsbereitschaft zu zeigen. Dieses Training ist für mich einer der Schlüsselpunkte in der Zusammenarbeit mit Don, da er sich nun mir gegenüber ehrlich geöffnet hat.

Die Begegnung mit der Cutting-Maschine unter dem Sattel ist aufregend für Don.

ARBEIT AN DER CUTTING-MASCHINE

Um Don bezüglich seiner angeblichen Schreckhaftigkeit auf den Zahn zu fühlen, baue ich unsere Cutting-Maschine auf. Durch ein Fähnchen, das sich an einem Seil über zwei an der Wand befestigten Rollen hin und her bewegt, kann ich nun über eine Fernbedienung ein Reizobjekt in verschiedenen Geschwindigkeiten nach links und rechts flitzen lassen. Zusätzlich dazu wechsle ich unsere gut geschmierte Rolle gegen eine fürchterlich quietschende Metallrolle aus. So habe ich nicht nur ein optisches, sondern gleichzeitig auch ein akustisches Signal, wobei die Optik

an und schießt munter drauflos. Es ist schön zu sehen, wie gut Don im bisherigen Training gelernt hat, sich auf der Hinterhand zu bewegen, und wie positiv sich seine Balancefähigkeiten entwickelt haben. Jetzt wird er langsam ein grazilerer Spanier. Die Halfterführigkeit und somit die Kontrolle über das Pferd hat sich maßgeblich zum Positiven verändert. Er ist jetzt leicht zu kontrollieren, sodass es keine Mühe mehr macht, ihn in der einen oder anderen Situation zu korrigieren oder abzufangen.

Don kann sich schließlich entspannen, sich lösen und wir beenden das Training.

sich direkt vor dem Pferd abspielt, während die Akustik aus der Ecke der Halle kommt. Das Ganze untermalen verschiedene bunte Bälle, die ich kreuz und quer in der Halle verteile. So muss Don, der sich am Knotenhalfter befindet, sich nicht nur auf meine Signale vom Boden aus konzentrieren, sondern auch auf das sich bewegende Objekt direkt vor ihm. Zusätzlich quietscht es gleichzeitig in der Ecke, immer wenn sich das Objekt bewegt. Außerdem muss er aufpassen, nicht über einen der Bälle zu fallen. Aufgrund der Reizüberflutung ist er anfangs tatsächlich etwas nervös, allerdings verbessert sich das in relativ kurzer Zeit.
Die Pausen weg von der Fahne der Cutting-Maschine nutze ich, um Don das Fußballspielen mit den großen Gymnastikbällen zu lehren. Erst spiele nur ich, aber mit der Zeit siegt die Neugier und Don findet Gefallen dar-

An den Bällen findet Don im Laufe der Zeit immer mehr Gefallen.

REITTRAINING

Hier fällt mir ein Satz ein, den Buck Brannaman mal zu mir gesagt hatte: „Most of the horses are broke to drag, not broke to lead." (Die meisten Pferde sind nur dazu erzogen, herumgezogen zu werden, und nicht dazu erzogen, sich wirklich führen zu lassen.) Langsam, aber sicher ist Don definitiv „broke to lead". Jetzt ist es an der Zeit, mit dem Reiten zu beginnen. Da mir wichtig ist, dass all unsere Pferde zuverlässig zu lenken und zu bremsen sind, bevor sich jemand auf dem Rücken befindet, arbeite ich Don an der Doppellonge. Ein großes Defizit ist hier in der Nachgiebigkeit dem Gebiss gegenüber festzustellen. Zusätzlich dazu hat er nicht verstanden, dass es darum geht, die Vorderbeine bei Bedarf einzeln von den Zügeln bewegen zu lassen. Das macht das Lenken relativ schwierig und erklärt, warum er mit Katja auf dem Rücken zum Teil einfach über die Schulter ausgebrochen ist und unkontrollierbar seiner Wege ging. Bis jetzt hatte Don gelernt, seinen Körper allein zu balancieren. Nun ist der nächste Schritt an der Reihe, dass er versteht, dass ihn der Zügel aktiv dabei unterstützen kann, seinen Körper zu stabilisieren und die Kraft zu entwickeln, sich selbst zu tragen.

FAHREN VOM BODEN

Da er anfangs große Schwierigkeiten damit hat, am Gebiss weich nachzugeben, nutze ich zum Fahren vom Boden das Knotenhalfter. Durch die Bodenarbeit hatte er gelernt, weich und nachgiebig auf die Hilfen am Halfter zu reagieren. Um den Druck im Maul zu verringern, fädle ich das Halfter durch die seitlichen Ringe der Wassertrense und befestige dort den Karabiner der Doppellonge. So hat Don ein Minimum an Druck auf dem Gebiss und ich die Möglichkeit, etwaige Gegenwehr durch feine Einwirkung am Knotenhalfter zu korrigieren.

1 Der Karabiner hängt nur am Knotenhalfter, das durch den Gebissring gezogen wird.

2 Don lernt durch das Fahren am Boden, auf Zügelhilfen zu reagieren.

1 Don lässt mich vom Zaun aus aufsteigen.

2 Mit viel Übung wird aus Don ein ausbalanciertes Reitpferd.

3 Katja reitet mit und ohne Anleitung und übt auch vom Boden aus mit Don.

KATJA TRAINIERT MIT DON

Don entwickelt sich prächtig und ich beziehe Katja wieder ins Training mit ein. Der Einstieg beginnt in einem meiner Bodenarbeitskurse mit mehreren Teilnehmern, an dem auch Katja teilnimmt. Nach anfänglichen kleinen Schwierigkeiten aufgrund der fremden Pferde und der ungewohnten Situation für Katja entwickelt sich sehr schnell eine positive Arbeitsroutine zwischen Katja und Don.

Mir macht es immer viel Freude zu sehen, wenn sich Berittpferde gegenüber ihren Besitzern neu öffnen und die Vergangenheit ruhen lassen. Dazu braucht es allerdings immer zwei Beteiligte und lobend ist hier zu erwähnen, wie Katja Abstand vom Geschehenen nehmen konnte und sich bemühte, unbefangen einen neuen Anfang zu machen.

Für die ersten Ritte begebe ich mich nun wieder in den Roundpen. Vor dem Reiten lernen die Pferde auf der 7P-Ranch, uns vom Zaun aus abzuholen bzw. anzurangieren. Das hat zwei Gründe: Grund Nummer eins ist, dass wir vermeiden, beim Aufsteigen zu viel Druck auf die Dornfortsätze zu bringen.

Der zweite und noch viel wichtigere Grund ist, dass wir dadurch so etwas wie ein Stimmungsbarometer erhalten, mit dem wir einschätzen können, ob das Training des Vortags vom Pferd positiv aufgefasst worden ist. Rangiert das Pferd ohne Weiteres an und lässt uns aufsteigen, kann ich davon ausgehen, dass das bisherige Reittraining im Sinne des Pferdes war. Weigert sich mein Pferd mich abzuholen, mit anderen Worten, möchte das Pferd vermeiden, dass ich es reite, ist davon auszugehen, dass einer der letzten Trainingstage vom Pferd als negativ empfunden wurde.

Allerdings gibt es noch einen dritten Grund, der ganz einfach zu erklären ist: Der erste Ritt findet bei mir in der Regel ohne Sattel statt. So kann ich mein Pferd jederzeit verlassen, da ich weder Steigbügel noch Sattelhorn beachten muss. Auch hier geht es mir darum, Don zu erklären, dass ich über meine Hilfen seinen Körper dabei unterstütze, sich auszubalancieren. Für die ersten Ritte nutze ich meist das Knotenhalfter, da es die Pferde bereits von der Bodenarbeit kennen.

2

3

Im nächsten Schritt reite ich Don mit einem sogenannten Barebackpad und einer Wassertrense. Die Kontrolle der Hinterhand, die ich als den Motor des Pferdes ansehe, steht an erster Stelle. So ist es dem Reiter möglich, das Pferd immer und überall, in jeder Situation, abzufangen und zu kontrollieren. Nicht minder wichtig ist die Kontrolle der Schulter, da wir so der Schulter bzw. den Vorderbeinen wieder eine Richtung geben können. In meiner Reiterei kann ich jedes Vorderbein einzeln durch die Einwirkung eines einzelnen Zügels anhalten bzw. zur Seite bewegen.

Zeitgleich ist Katja damit beschäftigt, zum Großteil ohne meine Anwesenheit, mit Don vom Boden aus am Knotenhalfter bzw. an der Doppellonge zu arbeiten. Entscheidend dabei ist, dass sie ALLEIN mit ihm arbeitet, um das Vertrauen in ihre eigenen Fähigkeiten wiederzuerlangen und selbstständig mit etwaigen Schwierigkeiten zurechtzukommen. Natürlich beobachte ich das vor allem am Anfang ab und zu ohne ihr Wissen. Ich möchte sicher gehen, dass Don seinen Job ordentlich macht.

ABWECHSLUNGSREICHES TRAINING

Das weitere Training meinerseits besteht nun daraus, die Rittigkeit von Don zu verbessern und vorwiegend Kilometer zu sammeln in der Halle, auf dem Reitplatz und im Gelände. Zusätzlich dazu bekommt Katja auf ihrem Pferd Unterricht, um unter Anleitung ein Gefühl für ihn zu entwickeln, auf Dauer gesehen seine Rittigkeit zu erhalten und gegebenenfalls weiter zu fördern. Da die beiden natürlich nicht nur in der Halle oder auf einem Reitplatz klarkommen sollten, beginnen wir auch mit Katja und Don im Gelände zu trainieren.

Nach gut sechs Monaten intensiver Arbeit kann ich Team Katja und Don mit einem sehr guten Gewissen nach Hause schicken. Eine Beziehung ist ein ständiges Arbeiten, egal ob von Mensch zu Mensch oder von Mensch zu Tier. Nun ist es an Katja, auf eigenen Beinen die Beziehung mit Don zu festigen und zu erhalten. Das Tüpfelchen auf dem i ist für mich, dass er beim Abholen ohne Weiteres zu verladen ist und ohne Probleme die Heimreise antritt.

JOHANNA UND NIRANO
Sie sollen wieder einander vertrauen lernen.

Nirano und Johanna

Haflinger sind bekannt für ihre Geländegängigkeit und für ihr breites Spektrum an Einsatzmöglichkeiten. Um die Bewegungen und das Temperament dieser Pferde aus Reitersicht zu verbessern, begann man diese Rasse mit Arabischen Vollblütern zu „veredeln".

Dies führte dazu, dass einige Exemplare der Rasse Haflinger nun etwas übermotorisiert und übermotiviert waren. Wenn grundsätzlich alles gut verläuft, machen diese Pferde sehr viel Spaß und bringen durchaus auch gute Eigenschaften mit. Läuft allerdings im Training oder beim späteren Reiten etwas schief, kann sich ein schier unlösbares Problem anbahnen, da die Ruhe des Haflingers der Impulsivität des Arabers weicht. Wenn nun ein mulmiges Gefühl seitens des Besitzers aufgrund der erlebten Vorfälle dazukommt, wird es schwierig, da Pferd und Besitzer ohne Hilfe aus diesem Loch meist nicht mehr herauskommen.

DIE VORGESCHICHTE

Bei Nirano handelt es sich um einen wunderschönen Haflinger-Wallach, den seine Besitzerin Johanna von einer Freundin gekauft hat. Sie kaufte ihn als Jungpferd und ritt ihn selbst an. Eigentlich lief alles relativ lang zu Johannas Zufriedenheit und beim Anreiten war Johanna verblüfft, wie cool und ruhig Nirano auch für ihn unbekannte Dinge problemlos und ohne Stress löste. Eines Tages wollte Johanna beim Ausreiten den Sattel einer Freundin testen. Es handelte sich hierbei um einen Westernsattel, der scheinbar nicht sonderlich für Niranos Rücken geeignet war. Als Nirano im Gelände dann vor irgendetwas erschrocken ist, nahm die Katastrophe ihren Lauf. Der Sattel rutschte, Johanna fiel vom Pferd, blieb im Steigbügel hängen und Nirano schleifte Johanna eine sehr lange Strecke hinter sich her. Wie genau Johanna aus dem Steigbügel kam, weiß sie bis heute nicht, denn als sie wach wurde, lag sie bereits auf der Intensivstation im Krankenhaus. Schwerste Verletzungen waren die Folge dieses Ausritts, und wie es bei solchen Erlebnissen oft der Fall ist, der Körper heilt relativ schnell, aber die Seele tut sich manchmal schwer damit.

Als ich das eher unspektakuläre Castingvideo sehe, ist mir noch nicht klar, welche Mammutaufgabe hier auf mich zukommt. Zusätzlich dazu gibt es noch ein Problem: Da Johanna Nirano nicht reiten kann, bzw. verständlicherweise nicht reiten möchte, haben wir keinerlei Aufnahmen, um dem Zuschauer bildlich zu vermitteln, worum es bei diesem Fall eigentlich geht. Nichtsdestotrotz sind mir die beiden sofort sehr sympathisch und ich freue mich über den Einzug von Nirano bei mir auf der 7P-Ranch zum Training.

DAS ERSTE TRAINING

Den Einstieg mit Nirano mache ich im Roundpen am Knotenhalfter. Zunächst will ich einfach sehen, wie er sich bewegt, wie er auf einen Fremden am Führstrick reagiert und ob er fähig dazu ist, mir in der fremden Umgebung zuzuhören. Anfangs ist er sehr schnell unterwegs. Er scheint auch seinen Körper nicht wirklich unter Kontrolle zu haben. Mit kippender Schulter, den Hals nach außen gewandt, stürmt er los.

Zunächst mische ich mich nicht großartig ein, um herauszufinden, ob er von sich aus langsamer wird und es vielleicht nur der erste Übermut ist. Allerdings wird mir schnell klar, dass ich ihm mit dem Führstrick helfen sollte, eine Form in seinem Körper zu erlangen, um die Schulter aufzurichten, da er sonst vermutlich stürzen würde. Bei aller Impulsivität reagiert Nirano trotzdem relativ fein auf meine Einwirkung. Nach ein paar Minuten beruhigt er sich und wird zugänglicher.

Im Roundpen rennt Nirano erstmal los.

Deutlich erkennbar ist, dass eine Seite für Nirano um einiges schwieriger ist als die andere. Was auch relativ schnell klar wird, ist, dass Nirano sehr dankbar dafür ist, dass ich nicht viel an ihm ziehe, um ihn zu beeinflussen, sondern nur leichte Impulse setze, da er auf Druck sofort mit Gegendruck reagiert. Die größten Schwierigkeiten aber scheint Nirano damit zu haben, dass ich nicht so sehr darauf achte wie seine Besitzerin, dass er nicht in Stress gerät. Ich glaube, Nirano hat sich sehr daran gewöhnt, dass ihm sein Umfeld händchenhaltend in Millimeterschritten die Welt erklärt unter größter Rücksichtnahme auf den armen Kerl. Schnell wird ihm klar, dass dieses Mitleidsprogramm bei uns auf der 7P-Ranch keinen Platz findet und er beginnt, nach anfänglichem Zögern, sich dann doch recht gut auf mich einzulassen und konzentriert mit mir zu arbeiten. Von seinen leichtfüßigen Bewegungen bin ich von Anfang an sehr positiv überrascht.

Er reagiert trotzdem recht fein auf die Impulse am Knotenhalfter.

Schließlich entspannt er und kann mir gut zuhören.

Nirano zeigt Interesse, kann aber auch aus dem Nichts plötzlich losstarten.

ANTI-SCHRECKTRAINING

Unser nächster Programmpunkt beginnt damit, Nirano an verschiedene Objekte zu gewöhnen. Fähnchen, Plane, Klappersack usw. sollten in der täglichen Arbeit Platz finden, damit ich sehe, wie er mit verschiedenen Objekten sowohl am Boden, als auch auf seinem Rücken umgehen kann. Nirano reagiert teils sehr cool auf verschiedene Dinge, während ihn die gleichen Dinge in einer anderen Situation vollkommen aus dem Konzept werfen. Es ist hier kein wirkliches Muster erkennbar, somit sind leider auch Situationen im Vorfeld nicht wirklich einschätzbar. Wobei man nicht sagen kann, dass die Stimmung generell als gereizt oder angespannt zu bezeichnen wäre, die Reaktionen kamen unvermittelt, meist aus dem Nichts. Deutlich erkennbar ist, dass Niranos Reaktionen auf der rechten Seite deutlich impulsiver ausfallen als links. Ich nehme an, dass Johanna beim Unfall auf der rechten Seite mitgeschleift wurde.

Hier gilt es nun, ein erstes Problem zu lösen: Nirano bleibt sehr oft wie eingefroren stehen. Er scheint es unter höchster Anspannung zu ertragen, was mit ihm gemacht wird, in Bewegung allerdings ist es ihm nicht möglich, dieselben Dinge hinzunehmen wie im Stand. Mit anderen Worten, Nirano kennt nur Stopp oder Vollgas.

BEWEGUNG KONTROLLIEREN

Mein Hauptaugenmerk legt sich im Training nun darauf, dass Nirano aus einer Anspannung heraus nicht beginnt zu explodieren, sondern trotz Anspannung kontrollierte Vorwärtsbewegungen möglich werden. Nach ein paar Tagen bessert sich dieses Verhalten immens und es kommt mir so vor, als wäre Nirano echt dankbar, dass ihm jemand aus dieser Angstnummer heraushelfen möchte. Unsere Beziehung verbessert sich und wir werden ein gutes Team. Jetzt wird es Zeit für mich, daran zu arbeiten, früher oder später aufsteigen zu können. Von Johanna weiß ich, dass Nirano richtig Stress hat, wenn er eine Aufstiegshilfe sieht. Mein Plan ist es, über Seitwärtsbewegung, vor allem das Schenkelweichen auf mich zu, die Aufstiegshilfe mit ins Training einzubeziehen.
Der Plan geht voll auf und es macht Nirano richtig Spaß, seitlich an die Aufstiegshilfe anzurangieren. Ich verlasse die Aufstiegshilfe dann wieder, um ihn vom Boden aus zu beschäftigen. Zum Pausemachen steige ich wieder auf meine Aufstiegshilfe, an die Nirano seitlich auf mich zu problemlos andockt. Als ich jedoch ein Bein über seinen Rücken legen will, kommt dieselbe Anspannung wie bei der anfänglichen Arbeit im Roundpen. Nirano friert ein und erträgt, was ich mache. Allerdings ist deutlich erkennbar, dass die Explosion vor der Tür steht. An ein Aufsteigen ist so nicht zu denken. Ich muss also einen Weg finden, wie ich zwar seinen Rücken belasten kann, er sich im Schritt bewegt, ich aber nicht aufsteigen muss. So entscheide ich mich, ihm beizubringen, dass er von mir longiert werden kann, während ich auf der Aufstiegshilfe stehe.

1 Die Anspannung ist groß, aber Nirano beherrscht sich.

2 Nach anfänglichem Zögern lässt er sich gut auf das Training ein.

Ich lasse ihn im Schritt und Trab näher an die Aufstiegshilfe herankommen, schicke ihn wieder weiter weg, mache Richtungswechsel, bis er sich daran gewöhnt hat, dass ich auf der Aufstiegshilfe stehe und gestikuliere, während er sich kontrolliert und gleichmäßig um mich herum im Kreis bewegt. Als hier einigermaßen Ruhe eingekehrt ist, bleibe ich mit nur einem Bein auf der Aufstiegshilfe stehen. Mein zweites Bein lege ich auf Niranos Rücken und schicke ihn vorwärts auf einer engen Volte um mich herum. Einbeinig drehe ich mich mit Nirano, der immer ruhiger einen Rhythmus im Schritt findet, sich die Lippen leckt und zu verstehen scheint, dass er nicht weglaufen muss.

Nun ist es relativ einfach, mich quer über seinen Rücken zu legen, ein paar Meter von der Aufstiegshilfe wegzureiten, um dort von ihm herunterzurutschen. Dann kehren wir wieder zur Aufstiegshilfe zurück und beginnen von vorn. Nach anfänglichen Schwierigkeiten und einigen Wiederholungen beschließe ich, mich ganz auf Nirano zu setzen, und beginne ihn im Knotenhalfter im Schritt kleine Strecken zu reiten.

Diese Arbeit wiederhole ich über einen längeren Zeitraum und Nirano wird immer sicherer und routinierter im Arbeitsablauf. So beschließe ich nach einer Weile, den Sattel mit ins Training einzubeziehen. Mir ist klar, dass es aufgrund der Erlebnisse vermutlich

Die ersten Male ist es für Nirano sehr schwer, sich an die Leinen an seiner Seite zu gewöhnen, und er startet durch.

Dass ich mich nun von der Seite und von hinten mit ihm bewege, ist ebenfalls ein Lernschritt, den Nirano machen muss.

---

am Anfang nochmal etwas klemmig werden könnte. Allerdings ist etwas klemmig eine Untertreibung, da Nirano bei den ersten Malen des Arbeitens mit Sattel vollkommen ausrastet.

DOPPELLONGE

Das wirft uns im Training leider ein gutes Stück zurück, und so beginne ich nun von vorn, nur dieses Mal eben gesattelt. Mit Sattel ist Nirano so spannig, dass er anfangs sogar zu stürzen droht, da es ihm nicht möglich ist, seine Beine zu sortieren. Er wirkt sehr besorgt und wendet den Kopf ständig nach links und rechts, vermutlich um einschätzen zu können, was ihn da seitlich berührt.
Neben der Arbeit mit verschiedenen Objekten, die ich natürlich wiederhole, ist die nächste Aufgabe die Arbeit an der Doppellonge. Gerade bei Pferden wie Nirano ist es mir sehr wichtig, die Lenkung und die Bremse so gut wie möglich vom Boden aus vorzubereiten, bevor ich in den Sattel steige. Vollgas vorwärts kann er schon, über meine Zügelhilfen bei der Arbeit in der Doppellonge kann ich ohne Gefahr daran arbeiten, ihn unter Kontrolle zu bekommen.
An der Doppellonge ist es anfangs ein großes Thema, wenn die Leinen Nirano seitlich an der Hinterhand berühren. Natürlich habe ich ihn durch Vorübungen sehr gut darauf vorbereitet, und doch ist es wieder nicht einzuschätzen, welche Tage gut laufen würden und an welchen Tagen er komplett ausflippt. Hier braucht es sehr viel Zeit, wirklich in kleinen Schritten und mit Geduld Nirano an die Berührungen zu gewöhnen. Schlimm für ihn ist auch, dass ich plötzlich hinter ihm bin und nicht mehr neben oder vor ihm. Durch die Übungen vom Anfang unserer Zusammenarbeit, wie z. B. das Führen und Folgen, sollte so etwas eigentlich kein Problem sein und doch macht der Sattel das gewonnene Selbstvertrauen des Pferdes komplett zunichte.

Abwechslung und neue Reize sind bei der Arbeit mit Nirano wichtig.

KLEINE ERFOLGE

Und doch kommen wir in kleinen Schritten Stück für Stück vorwärts, bis zu dem Tag, an dem ich beschließe, Nirano mit Sattel zu reiten. Wieder fange ich an, mich nur halb über seinen Rücken zu legen, um ihn erneut daran zu gewöhnen, dass ich auf seinem Rücken bin.
Nirano reagiert wie ausgewechselt und die hart erarbeitete Routine an der Doppellonge ist wie weggeblasen. Der Haflinger wird wieder spannig, klemmig und wirkt besorgt. Nichtsdestotrotz glaube ich daran, ihn reiten zu können, und so schwinge ich mich nach ein paar Wiederholungen komplett in den Sattel. Ich nehme meine Zügel auf und frage Nirano höflich nach zwei, drei Schritten vorwärts. Die Biegung im Pferdehals ist mir hier nun sehr wichtig, damit er nicht zu lange auf gerader Strecke an Geschwindigkeit zulegen kann und er sich nicht noch mehr verspannt. Nirano gewöhnt sich relativ schnell daran, dass ich nun mit Sattel auf ihm sitze, lässt zu meiner Freude den Kopf baumeln, leckt sich die Lippen und entspannt sich im Schritt. Ich weiß nicht, woran es wirklich liegt, mag sein, dass er außerhalb des Roundpens ein Geräusch gehört hat oder ich ihn irgendwo überraschend berührt habe, auf jeden Fall ist die Entspannung im Bruchteil einer Sekunde verflogen und Nirano bereit, die Flucht anzutreten. Zum Glück habe ich so viel Zeit

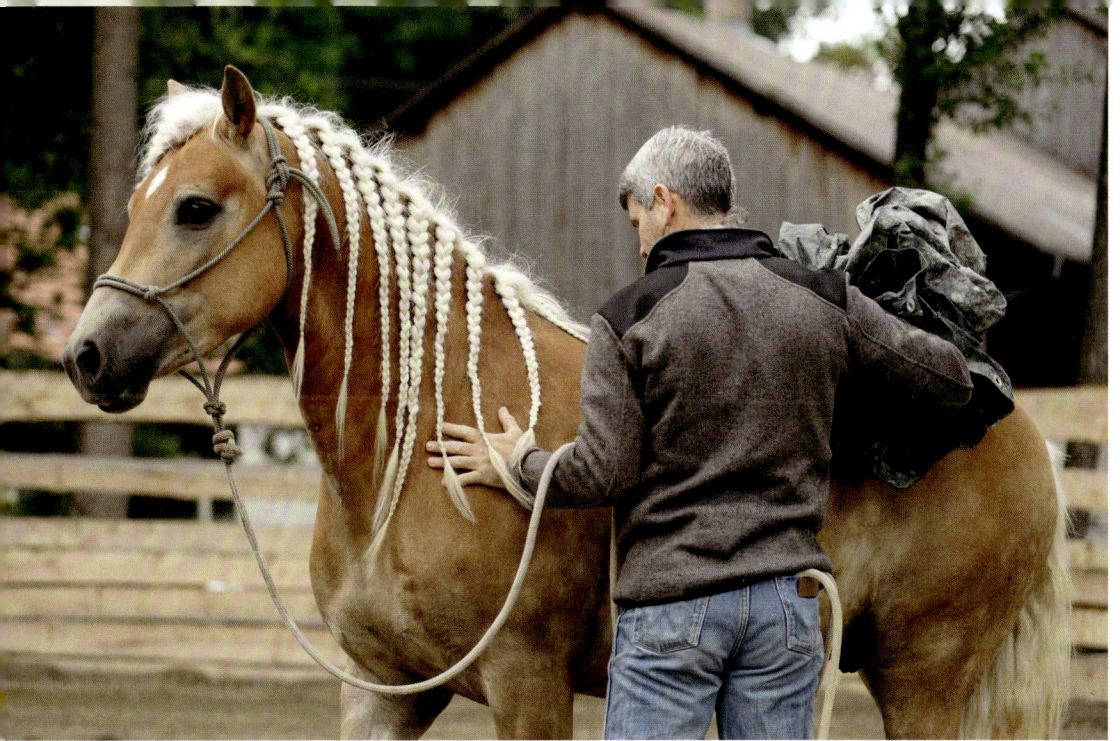

darauf verwendet, ihn an der Doppellonge sicher zu machen, dass es mir möglich ist, den Vorwärtsdrang über die Zügelhilfe schnell abzufangen. Jetzt weiß ich also zwei Dinge: die positive Erkenntnis, ich komme mit den Zügeln durch, auch wenn er in Angst gerät. Allerdings aber auch eine negative Erkenntnis, nämlich dass ich mich hier auf nichts verlassen kann, da die erlebten Bilder Nirano scheinbar immer wieder einholen. Genauso schnell, wie sein Angstanfall gekommen ist, verschwindet er aber auch wieder und Nirano und ich verbringen noch ein paar sehr entspannte Minuten reitend im Roundpen.
Die nächsten Tage und Wochen wechsle ich zwischen Bodenarbeit, Arbeit an der Doppellonge, Aussacken und Reiten mit und ohne Sattel, um so viel Abwechslung wie möglich und gleichzeitig Routine in sein Training zu bringen. Mit jeder Trainingseinheit steigert sich in mir das mulmige Gefühl, wenn ich daran denke, was wohl bei einer Schrecksekunde passiert, wenn Johanna im Sattel sitzt. Eins ist klar: Niranos Nervenkostüm ist nur die halbe Miete. Johannas Nerven müssen auch mitspielen. Ich muss dringend beginnen, Johanna so viel wie möglich ins Training miteinzubeziehen. Wichtig ist, das Training so zu gestalten, dass sich die Spannung von Johanna nicht zu sehr auf Nirano überträgt. Die rettende Idee ist für mich die Freiarbeit im Roundpen.

Nach kurzer Zeit entspannt er sich und lässt sich mit der Plane berühren.

JOHANNA TRAINIERT IM ROUNDPEN

Meine Befürchtungen sollten sich bewahrheiten, als Johanna und Nirano das erste Mal zusammen im Roundpen arbeiten dürfen. Nirano lässt tierisch den Araber raushängen und ist die ersten Paar Minuten unkontrolliert im Galopp unterwegs. Zum Glück gelingt es mir, die Situation „schönzureden", und Johanna entspannt sich langsam, aber sicher. Siehe da, sobald Johanna ein klein wenig innerlich loslassen kann, wird auch Nirano wieder ansprech-

Nirano wird im Roundpen bei der Freiarbeit immer besser.

bar. Wir beginnen zusammen zu arbeiten und ich erkläre Johanna, wie leicht es im Grunde ist, nur durch Körpersprache ihr Pferd zu bewegen. In Windeseile kann sie die Hinterhand und die Vorhand ohne Führstrick oder jegliches Hilfsmittel bewegen, und je mehr sie sich öffnet, desto mehr klebt Nirano wie ein kleiner Magnet an ihr. Ich habe das Gefühl, dass wir alle drei unseren Spaß bei dieser Arbeit im Roundpen haben.

Vor allem sehe ich das erste Mal, dass Johanna ganz befreit lachen kann und nach diesem Erfolgserlebnis sehr mit sich und der Welt zufrieden wirkt. Jetzt werde ich etwas übermütig. Ich will Johanna beweisen, dass Nirano kein Problem mit ihr hat, selbst wenn sie theoretisch aufsteigen würde, vorausgesetzt ihre Körperspannung bleibt niedrig. Ich weise sie an, auf den Zaun zu klettern, und siehe da, Nirano parkt neben ihr ein, so wie er es von mir gelernt hat. Sie hätte jetzt eigentlich nur noch aufzusteigen brauchen und losreiten, aber eine innere Stimme sagt mir, dass ich mit diesem Schritt noch dringend warten sollte.

Und so sage ich Johanna, sie soll einfach nur beide Beine auf seinen Rücken legen und die Sonne genießen. Da es so gut gelaufen ist, beenden wir das Training. Ab sofort darf Johanna jederzeit mit Nirano im Roundpen Freiarbeit machen. Auch die Arbeit am Zaun und die Bodenarbeitsübungen am Knotenhalfter, die sie von mir kennt, soll sie ins Training mit einfließen lassen.

REITTRAINING MIT JOHANNA

Die Wochen gehen ins Land und Johanna und Nirano werden immer mehr ein Team. Um dem Ziel des Reitens näherzukommen, ist nun meine nächste Überlegung, Johanna in die Arbeit mit der Doppellonge miteinzubeziehen. Erstens rechnete ich damit, dass Nirano vermutlich wieder spannig wird, wenn sich die Routine ändert. Zweitens wollte ich, dass Johanna versteht, wie viel oder wenig sie an den Zügeln arbeiten kann, wenn Nirano tatsächlich nochmal spannig wird. Auch hier sollte ich recht behalten. Die erste Arbeitseinheit an der Doppellonge mit Nirano und Johanna lässt sich aus meiner Sicht nur schwerlich als positiv bezeichnen. Nirano ist so spannig wie schon lange nicht mehr, und im Gespräch mit Johanna sagt sie mir, dass es ihr hier in der Halle nicht leichtfällt, loszulassen. Trotzdem bemühen sich beide redlich und so kommen wir nach einer Weile eigentlich doch zu einem recht zufriedenstellenden Ergebnis. Mein Hauptaugenmerk ist von nun an, die Arbeit an der Doppellonge zwischen Johanna und Nirano zu festigen und so lasse ich die beiden immer mehr allein und beobachte nur zwischendrin durch ein Fenster, wie sie aufkommende Probleme lösen. Wieder vergeht viel Zeit und vor allem viel Stress, bis die beiden hier wirklich eine stimmige Zusammenarbeit entwickeln. Es gibt einige Tiefpunkte, aber auch sehr viele Höhen, was man hier positiv erwähnen muss. Trotzdem leiden beide unter der angespannten Situation in der Halle. Vor allem Nirano ist es im täglichen Training anzumerken, und langsam, aber sicher beginnen wir uns rückwärtszuentwickeln. Er wird wieder angespannter, vorsichtiger und hier und da ein bisschen misstrauischer. Mich wurmt diese Situation extrem, vor allem, weil Johanna bei der Arbeit mit Nirano äußerlich nichts falsch macht, und doch gehen hier Körper und Geist getrennte Wege.

HILFE VON PONYHORSE FIPS

Ich beschließe, mir von jetzt an Hilfe ins Training zu holen. Meine Co-Trainerin Kerstin Rester und mein alter Weggefährte Fips werden von nun an fester Bestandteil des Trainings. So ist es mir möglich, mit großen Objekten, wie z. B. Plastiktanks, Gymnastikbälle usw., auf Niranos Rücken auch in hohen Geschwindigkeiten zu arbeiten, damit bei Nirano eine Gewöhnung an Geräusche und unkontrollierte Bewe-

1 Mit Kerstin und Fips als Hilfe wird es möglich, Nirano zu reiten.

2 Zunächst immer absprungbereit und in langsamer Geschwindigkeit.

3 Fips mag den Haflinger und bringt große Geduld für ihn auf.

gungen im Schritt, Trab und Galopp stattfinden kann.

Ja, ich kann Nirano reiten, allerdings bin auch ich bisher nur im Schritt und Trab unterwegs, da er ab einem gewissen Punkt sehr, sehr spannig wird und ich nicht herausfinden will, was passiert, wenn ich den Bogen überspanne.

Kerstin und ich beginnen jetzt, mit Bällen über Niranos Rücken hinweg zu werfen, und während Nirano als Handpferd an meinem Sattelhorn hängt, spiele ich von Fips aus mit einem Gymnastikball Basketball. Äußerst löblich zu erwähnen ist hier mein Quarter Horse-Wallach Fips. Er hat manchmal wirklich seine Ecken und Kanten, und hin und wieder fehlt es ihm an Geduld bei der Arbeit, wenn die Zöglinge schwer von Begriff sind, aber Nirano ist ihm schnell ans Herz gewachsen.

Normalerweise wäre die Wahl des Helferpferdes auf Kerstins Wallach Ferox gefallen, der jedoch wegen einer Verletzung nicht mithelfen kann. Ferox eignet sich durch seine Art sehr gut für verunsicherte und ängstliche Pferde, da er ohne viel Dominanz einen guten Draht zum „Schüler" knüpft und mit viel Geduld und Einfühlungsvermögen seinen Artgenossen hilft. Zu meiner Überraschung scheint Fips den Haflinger wirklich zu mögen, und es ist fast schon rührend, wie sehr er sich seiner annimmt, um ihm Ruhe und Routine zu vermitteln.

Nirano entwickelt in kürzester Zeit großes Vertrauen in meinen Wallach und wir beginnen die Arbeit mit den Plastiktanks fortzuführen. Ich glaube, ohne meinen Fips und ohne Kerstin hätte ich noch Jahre im Roundpen verbracht, ohne einen nennenswerten Schritt weiterzukommen. Die Dinge entwickeln sich eigentlich sehr gut. Nirano gewöhnt sich schnell an sehr viele Dinge auf seinem Rücken, auch dank der äußerst gründlichen Vorarbeit, die wir über diesen langen Zeitraum geleistet haben.

Einzig die Tatsache, dass Nirano zu einem gewissen Teil auch ein Araber ist, führt nun ab und zu zu Schwierigkeiten. Denn kaum hat er verstanden, worum es geht, mutiert er zum Angeber. Das Angeben allein wäre generell kein Problem, ich mache mir allerdings wieder Sorgen, was passiert, wenn Johanna auf seinem Rücken sitzt und Nirano beschließt, in arabischer Spannung mit hocherhobenem Schweif und lautem Gebläse durch die Halle zu stolzieren. Man muss auch ehrlich sagen, der hübsche Kerl, der sich zu präsentieren weiß, ist schon eine imposante Erscheinung.

Langsam bewegen wir uns in den November und „die Zeit wird knapp", möchte ich den Fall Nirano doch eigentlich im Dezember für die 9. Staffel „Die Pferdeprofis" abschließen können. Allerdings fehlen uns durch unsere vielen Rückschritte, die jeder neue Arbeitsschritt mit sich brachte,

Mal hat Nirano Stress mit komischen Dingen auf seinem Rücken.

noch einige Punkte zum fertigen Reitpferd. Vielleicht hätte man es riskieren können, Nirano in der Halle einfach zu reiten, und doch kommt wieder dieses ungute Bauchgefühl. Erstens, was, wenn er doch noch einmal Panik bekommt und wir aufgrund dessen wieder Rückschritte machen? Zweitens, selbst wenn ich oder Kerstin es einigermaßen geregelt bekommen, ist mir doch das Risiko zu groß, beim Versuch dann herauszufinden, dass es zu früh ist, Nirano von Johanna reiten zu lassen. Ich bin mir sicher, ein erneutes schlechtes

Erlebnis würde keiner der beiden verkraften.

Mittlerweile sind Kerstin und Fips mit Nirano am Sattelhorn und ich auf Niranos Rücken im Schritt und Trab unterwegs. Allerdings muss man ehrlicherweise schon erwähnen, dass nicht jeder Tag gleich ist. Je näher wir der Galoppade auf Niranos Rücken kommen, desto mehr macht uns jetzt Fips einen Strich durch die Rechnung. Denn jedes Mal, wenn Nirano kurz davor ist anzugaloppieren, geht Fips gegen Kerstins Hilfen und bremst die ganze Sache aus. Da ich den Wallach schon sehr lange kenne und weiß, dass Fips über die Jahre ein sehr gutes Gespür für Situationen mit Problempferden entwickelt hat, nehmen wir ihm das nicht krumm, sondern akzeptieren es als guten Rat und verzichten auf ein weiteres Nachfragen.

Ein Team ist immer nur so gut, wie die einzelnen Komponenten, die einander zuhören. Natürlich hätte ich gern ein zuverlässiges Pferd zum Ende der Staffel abgegeben. Trotzdem widerspricht es meiner Philosophie, die Arbeit mit Pferden über das Knie zu brechen. Unser Motto auf der 7P-Ranch lautet: „Follow the feel", und alles in mir sträubt sich bei dem Gedanken, bei den wenigen Wochen, die noch bleiben, Johanna auf dieses Pferd zu setzen, um herauszufinden, was passiert. Diese Situation bespreche ich mit unserer Realizerin und der Produktionsfirma. Wir kommen zu dem Entschluss, dass es für Nirano und Johanna das Beste wäre, den beiden noch Zeit zu geben. Bei einem Gespräch mit Johanna stellt sich heraus, dass auch ihr ein großer Stein vom Herzen gefallen und sie dankbar ist, dass der Druck des „Reitenmüssens" erst einmal vom Tisch ist. Wir beschließen, Nirano mit dem bisher Erlernten in die wohlverdiente Winterpause zu schicken, und hoffen, der Sender gibt uns die Chance, den Fall Nirano in der nächsten Staffel weiterzutrainieren, aber das ist eine andere Geschichte.

Dann wieder ist er richtig cool.

— DER GLÜCKLICHE

DURCHSETZUNGSSTARK
Zunächst will Felix gar nicht laufen,
dann aber findet er Gefallen an den Übungen.

Felix und Nadine

Was für ein süßer Kerl bist denn du. Das ist mein erster Gedanke, als ich Felix kennenlerne. Leider ist er nicht, wie sein Name eigentlich sagt, der Glückliche, und macht auch seine Besitzerin nicht glücklich, eher im Gegenteil.

Die Angst ist Felix ins Gesicht geschrieben. Für ihn lauern überall Gespenster.

DIE VORGESCHICHTE

Seit sieben Jahren versuchen die Besitzerin Nadine und er ein Team zu werden. Doch anscheinend reden sie permanent aneinander vorbei. Nadine reitet seit vielen Jahren und hat Erfahrung im Umgang mit Pferden. Jedoch stößt sie mit Felix an ihre Grenzen. Verschiedene Trainer versuchten ihr Glück mit Felix, ohne Erfolg. Felix ist nicht händelbar. Er lässt sich weder führen, noch anbinden, geschweige denn reiten. Denn Felix hat vor allem Angst, und genau hieraus resultieren seine Verhaltensauffälligkeiten.
Der Umgang mit Felix wurde für beide zunehmend gefährlicher mit Verletzungen auf beiden Seiten. Aber Nadine will ihren Felix nicht aufgeben. Sie hat sich entschlossen, bei uns

Hilfe zu suchen. Ich schlage ihr vor, ihr Pony mit zu mir zu nehmen, denn die Korrektur von Felix und seinen Ängsten wird einen längeren Zeitraum benötigen.

MEINE EINSCHÄTZUNG

Das Wichtigste ist den Grundcharakter eines Pferdes zu erkennen. Auf ihn muss der Umgang und das Training abgestimmt werden.

Nadine geht davon aus, Felix sei ein ängstliches Pferd. Schaut man ihm jedoch genau in die Augen, erkennt man, dass er ein selbstbewusstes, starkes und witziges Pony ist. Durch falsche Trainingsansätze steigerte er sich zusätzlich in seine Ängste und Verhaltensmuster hinein, und er wurde fast nicht mehr händelbar. Nadine hatte Felix auf Anraten von Trainern die Führung überlassen, um sein Selbstbewusstsein zu stärken. Leider forcierte genau dies das Gegenteil bei dem kleinen Mann. Daher ist die korrekte Analyse am Anfang eines Trainings so wichtig. Es stimmt zwar, dass Felix unbedingt selbstbewusster werden muss. Aber dafür braucht es eine klare und sichere Führung des Menschen! Felix fehlten die klaren Ansagen, um zu erkennen, wo er sich in der Mensch-Pferd-Zweierbeziehung befindet, seine Besitzerin als Vertrauensperson wahrnehmen zu können und sich an ihr zu orientieren.

Diesen falschen Trainingsansatz handhabte sie mit ihrem Felix über so lange Zeit, dass sich für ihn ein festes Muster etablierte und er immer unsicherer und schreckhafter wurde. Aber auch Nadine wurde immer ängstlicher und unsicherer mit ihrem Felix.

Ungewollt hat sie ihn ohne Führung allein gelassen. Felix konnte sich immer mehr in seine Angst hineinsteigern und sie zu einem festen Verhaltensmuster manifestieren. Er kam schnell auf die Koppel, weil er nicht stillstand, konnte wieder bei seiner Herde sein, weil er sich losriss oder weil er Nadine abgeworfen hatte. Felix macht in seinen Augen alles richtig. Seit Jahren reden die beiden aneinander vorbei. Nadine wusste irgendwann, wovor Felix Angst hatte, was ihn in Panik versetzen konnte und versuchte, diese Situationen zu vermeiden.

Ein körperliches Kräftemessen mit einem Pferd macht natürlich wenig Sinn. Im Umgang mit dem Pferd geht es vielmehr um Führung, Souveränität, Selbstsicherheit, Lockerheit, Klarheit und das richtige Timing. Nadine hat von alldem mittlerweile nichts mehr und Felix sagt: „Soll die mal ihr Ding machen, ich mache meins, damit fühle ich mich sicherer." Das Pferd ist und bleibt ein Fluchttier. Es liegt an uns, durch korrektes Training und Routine ein Pferd zu einem gelassenen Reitpferd auszubilden. Es kann zwar seine Instinkte niemals ablegen, aber wir können sie abmildern und es schaffen, dass das Pferd nach einem Schreckmoment doch wieder den Kopf einschaltet und eben nicht seinen Instinkten folgt, sondern schaut, was der Mensch am Seilende oder im Sattel macht.

Der Fluchtinstinkt ist bei jedem Pferd vorhanden. Bei Felix ist er auffällig stark etabliert.

Das erreicht man durch tägliche Arbeit, denn das Pferd will und muss jeden Tag aufs Neue prüfen. Besonders am Anfang der Ausbildung. Irgendwann siegen die Routine und die Wiederholungen. Bei jedem Pferd ist die Stärke der Verhaltensweisen unterschiedlich ausgeprägt und neben den Genen abhängig vom Charakter, von der Erfahrung und der Aufzucht des Pferdes.

Noch dazu harmoniert nicht jeder Typ Mensch mit jedem Typ Pferd. Man sollte sich also vor dem Kauf eines Pferdes versichern, dass beide Charaktere zusammenpassen und der Mensch diesen Typ Pferd händeln kann. Je mehr Pferdeerfahrung ein Mensch mitbringt, umso besser kann er mit unterschiedlichen Pferdetypen umgehen, sie ausbilden und fördern.

Manchmal kommt es leider so, wie bei Felix und Nadine, denen es bisher nicht gelungen ist, eine gemeinsame Sprache zu finden.

Ich habe ihr nahegelegt, sich mit dem Gedanken zu beschäftigen, für Felix einen passenderen Menschen zu finden. Man darf nicht vergessen, dass Nadine sehr viel Negatives mit Felix erlebt hat. Diese Bilder verbleiben in ihrem Kopf. Sobald sich eine Situation ähnelt, würde sie sich erneut verkrampfen und handlungsunfähig werden, und wäre Felix wieder auf und davon.

Um Felix zu händeln, muss man tatsächlich extrem schnell sein. Wir werden versuchen, die alten Muster in seinem Kopf mit neuen Verhaltens-weisen zu überschreiben und so ein verlässliches Reitpferd aus ihm zu machen. Dies wird ein langer und harter Weg.

Felix muss lernen, sich die Dinge anzuschauen anstatt loszurennen.

ANKUNFT AUF DEM HOF

Schon am Tag der Ankunft ist die Anspannung bei der Besitzerin kaum zu übersehen. Mit zittrigen Händen führt sie ihr Pferd vom Hänger, voller Angst davor, es könne sich losreißen und wegrennen.

Um die Situation zu entspannen, biete ich an, Felix zu übernehmen. Ich habe keine Sorge, dass Felix wegläuft. Auf einem fremden Hof würde Felix bloß zu den anderen Pferden rennen, obwohl sie ihm femd sind. Trotzdem würden sie ihm momentan mehr Sicherheit bieten als der Mensch.

Auf seinen Paddock bei mir auf dem Hof kann er erstmal ankommen und sich seine neue Umgebung in Ruhe anschauen.
Nadine erzählt mir von ihrem Alltag zu Hause mit ihren Pferden und wie sehr er durch Felix geprägt wird. Jeder Gang mit ihm über das Gelände bedarf genauer Planung, damit keine unüberwindbaren Hindernisse auftauchen oder Felix einen Grund sieht, panisch das Weite zu suchen.
Felix lebt mit zwei weiteren Pferden zu Hause bei Nadine hinter dem Haus. Leider bringt er in diese kleine Herde sehr viel Unruhe rein, rennt viel, was sich natürlich auf die anderen Pferde überträgt. Nadine kann sich einfach nicht erklären, weshalb. Alle Voraussetzungen für eine entspannte, glückliche Pferdehaltung sind eigentlich gegeben. Es ist ein kleiner Herdenverband, die Pferde leben draußen im Offenstall, können sich bei Wind und Wetter schützend unterstellen und bekommen rund um die Uhr Raufutter. Sie haben für die Sommermonate Koppelflächen, auf denen sie grasen dürfen, Nadine kommt jeden Tag, um die Pferde zu versorgen, zu putzen, zu streicheln und sich mit ihnen zu beschäftigen.

1

TRAININGSANSATZ

Nun weiß ich also schon eine Menge über Felix und kann mir meine Gedanken machen. Wo und wie setzt man hier an? Welches Problem trainiert man hier als Erstes?
Wo setzt man den Schwerpunkt? Nach der üblichen Eingewöhnungs- und Kennenlernzeit beginnen wir mit der Arbeit am Boden. Die erste Herausforderung besteht darin, Felix von der Koppel zu holen. Sobald es irgendwo raschelt oder sich etwas bewegt, erstarrt er, zuckt nach rechts

2

1 Am Kappzaum kann ich Felix gut führen und ihm Grenzen setzen.

2 Mit der Gerte gelingt es, Felix die Idee der Bewegung nach vorn zu vermitteln.

3 Immer wieder bleibt Felix einfach stehen, sobald ihm etwas komisch vorkommt.

3

weg und reißt sich frei. Will er an irgendetwas nicht vorbei, geht er rückwärts.
Wenn man ihn bittet, vorwärtszugehen und ihn dafür mit der Gerte anklopft, springt er entweder nach vorn weg oder geht wie gerade beschrieben nur noch rückwärts. Das zeigt er gleich beim ersten Kontakt, als wir ihn vom Paddock holen wollen. Wir müssen hier durch einen schmalen Gang zwischen Paddock und Reithalle vorbei und am Ende rechts um die Ecke. Wir kommen gerade so bis zur Ecke, bevor er sein beschriebenes Verhalten zeigt. Er will nicht weiter und geht rückwärts. Auch ich habe natürlich hier keine Chance. Entweder zieht er mich rückwärts oder nach vorn mit, um dann vorwärts Richtung Paddocktür zu stürmen.
Das Entscheidende ist jetzt das Equipment und die Technik. Es ist klar,

dass ich dieses Manöver an einem Stallhalfter nicht managen kann. Ich rate hier normalerweise jedem zu einem Knotenhalfter. Bei Felix reicht ein Knotenhalfter aber nicht aus. Ich brauche etwas, das er deutlicher bemerkt, denn er muss aus seinem Tunnel raus, in den er sich verkriecht und nur noch instinktiv reagiert – das heißt wegrennen, ab zur Herde.
In solchen Fällen eignet sich ein stabiler Kappzaum. Wichtig ist, dass es ein Kappzaum mit festen Gliedern ist. Pferde sind taktile Lebewesen. Ich erkläre immer wieder, dass Pferde nicht auf unsere Stimme bzw. auf unsere Worte hören. Wir können versuchen, das Pferd mit Worten zu beruhigen oder zu sagen, was das Pferd jetzt bitte machen soll, aber das funktioniert einfach nicht. Das Allerwichtigste ist, dass das Pferd unsere Energie und unsere Körpersprache deuten lernt.

MUSTER DURCHBRECHEN

Um solch ein Verhaltensmuster erstmal zu unterbrechen, muss es auf einem taktilen Weg geschehen. Das ist zum Beispiel Anstupsen, In-den-Hals-Beißen, In-den-Po-Beißen – egal was. Ich möchte, dass das Pferd die Aufmerksamkeit wieder auf mich, auf den Menschen am Seilende lenkt. Ich möchte, dass er mit mir geradeaus läuft, und nicht vor Panik irgendwohin rennt und mich mitzieht, denn am Ende bliebe mir nur noch, das Seil loszulassen.

Nicht nur Losreißen ist sein Problem, sondern auch sein Rückwärtsgang. Den kann ich ebenfalls nicht durch Festhalten am Seil aufhalten. Ich verändere ihn durch einen Seitwärtsgang, besser noch, ich sorge dafür, dass er sich auf seinen Körper konzentrieren muss, da ich seine Hinterhand wegschiebe.

Ich gehe mit einem Stöckchen oder mit dem Seilende auf die Hinterhand zu und schicke diese von mir weg. Ganz wichtig dabei ist, dass die Vorhand stehen bleibt. Dazu zupple ich immer wieder am Halfter, sodass er nicht in eine Vorwärtsbewegung kommt. Das alles passiert zügig und ich lasse ihn dadurch auch ein bisschen arbeiten, da er die Hinterhand bewegen muss. Das fordere ich für ein paar Runden von ihm ein. Dann frage ich ihn erneut, ob er doch gern mit mir vorwärtsgehen möchte. Er wird als ersten Impuls rückwärts wollen, ich

schicke ihn stattdessen seitwärts. Ich wiederhole meine Frage nach einem Schritt vorwärts erneut. Jedes Mal, wenn er auch nur den Gedanken an ein Vorwärts hat, lobe ich ihn und lasse ihn ein bisschen ruhen. Dann

Die Kommunikation mit Körpersprache klappt bei Felix sehr schnell.

Pferden geht es nur um Ja oder Nein. Also gebe ich ihm nur zwei Varianten vor. Er hat die Wahl: körperliche Arbeit oder entspannt mit mir geradeaus gehen. Bei Pferden geht es immer nur darum, wer wen bewegt.

Dieses Problem wird uns also die nächsten Wochen jeden Tag begleiten und wir müssen täglich seine Frage mit ein und derselben Technik, Ruhe und Ausdauer beantworten. Wichtig ist, dass er es nicht mehr schafft freizukommen, wir aber jeden Tag dort ankommen, wo wir hinwollen, mit oder ohne gruselige Stelle.

Das hat den Nebeneffekt, dass Felix von mir beeindruckt ist, da ihm nie etwas passiert, und wir immer ankommen, wo der Mensch hinmöchte. Ich überzeuge ihn also von meiner Führungsqualität.

Somit lernt er mich zu schätzen und zu achten, das wiederum bringt Vertrauen. Je mehr Vertrauen er mir schenkt, desto mehr schaffen wir im Training. Im Alltag werden wir so immer mehr in der Lage sein, jede Situation mit dem Pferd zu meistern. Felix erlangt mehr Lebensqualität durch meine klare, strenge, konsequente, aber auch freundliche Art, mit ihm zu arbeiten.

frage ich wieder nach einem Schritt vorwärts. Wenn er diesen tut, lobe ich ihn und lasse ihn in Ruhe stehen. Geht er doch lieber rückwärts, wiederhole ich das Ganze. Dieses Spiel versteht Felix schnell. Denn bei

Dabei wird kaum geredet, sondern mit Körpersprache agiert. Ich werde für ihn berechenbar, er folgt mir freiwilliger, er wird immer entspannter und am Ende macht es ihm sogar Spaß.

ANBINDEN UND SPAZIERENGEHEN

Das war Lektion Nummer 1. Aber der Felix hat ja noch das eine oder andere weitere Problem. Er lässt sich nicht anbinden, mit ihm spazieren gehen ist kaum möglich und von Ausreiten wollen wir gar nicht erst reden.
Aber wenn wir es genau betrachten, liegt die Ursache all dessen an ein und derselben Sache. Dem Menschen muss es hier gelingen für Führung, Klarheit und Sicherheit zu sorgen. Es kommt nun auf Gefühl, Technik und Timing an. Ich muss dem Felix erklären, dass ich den Rahmen vorgebe, in dem er sich bewegen darf. Egal ob am Anbindeplatz, beim Spazierengehen oder beim Reiten.

Wir achten mit Felix täglich haargenau auf alle Kleinigkeiten und trainieren diese Situationen. Wirklich jeden Tag und dies mehrmals. Es braucht also wieder Routine und Wiederholung.
Die Arbeit beginnt bereits auf dem Weg vom Paddock zum Anbindeplatz. Er will oder kann den Weg zum Putzplatz nicht gehen, ohne Angst zu haben. Egal wie lange es dauert, das Wichtigste ist, dass wir das schaffen. Er muss seine Angst überwinden und ein Erfolgserlebnis haben. Angelangt am Anbinder, geht es von vorne los: Angst und Fluchtgedanken.
Wir müssen uns hier auf eine lange Odyssee einstellen. Der kleine Kerl gibt einfach nicht auf, uns mitzutei-

Das seitliche Bewegen von Vor- und Hinterhand hilft Felix, aus seinem Verhaltensmuster zu entkommen.

len, dass er hier einfach nicht stehen kann – aus Todesangst. Er geht rückwärts, vorwärts, nach links, nach rechts, schlägt mit dem Kopf und ist extremst unruhig. Wir verringern den Radius, auf dem er tänzeln kann, und lassen ein Losreißen niemals zu.
Steht man zum Beispiel links vom Pferd, um es zu putzen, und es kommt mit dem Po in meine Richtung nach links, ist es wichtig, ihm freundlich, aber bestimmt zu sagen, dass ich nicht weggehe und dass er mich doch bitte nicht umschubsen soll.
Dazu habe ich immer ein Gertchen dabei, mit der ich ihn direkt antippen kann, sobald er in meinen Bereich kommt.

Felix lässt sich auf mich ein, da ich ihm Sicherheit anbieten kann.

Felix ist kein böses Pferd und er will mir nie absichtlich wehtun. Er möchte einzig und allein aus der Situation raus.
Es geht hier darum: Wer steht wo im Raum und wer kann wen bewegen? Hier muss ich ihn über die taktile Kontaktaufnahme aus seinem Tunnel holen, damit er mir wieder zuhören kann. Oft dreht er seinen Kopf ganz schnell nach links und rechts, weil er einfach alles im Blick behalten will. Hier muss ich mich bemerkbar machen und seinen Kopf immer wieder geraderichten, um ihn zur Ruhe kommen zu lassen.
Das alles erfordert unendlich viel Geduld und Gelassenheit. Oftmals kann man beobachten, dass Menschen an der Stelle die Geduld verlieren und das Pferd anschreien oder gar bestrafen.

Wenn Felix durchstartet, heißt es sicher im Sattel zu sitzen.

FREUDE VERMITTELN

Wir sind motiviert. Genau das brauchen unsere Pferde auch.

Aber genau dies bewirkt eben das Gegenteil. Der Stresspegel des Pferdes ist schon unglaublich hoch und damit wird er bloß noch weiter erhöht. Ziel jedoch ist es ja, das Anbinden oder Putzen mit positivem Erleben zu belegen, um dem Pferd seine Angst zu nehmen. Das geht uns Menschen doch nicht anders. Werden wir auf unserem Arbeitsplatz nur angebrüllt und beleidigt, werden wir es bald vermeiden wollen, dort zu arbeiten, oder unsere Psyche leidet.
Haben wir jedoch ein freundliches Umfeld und werden für unsere Arbeit gelobt, motiviert uns das und wir gehen jeden Tag gern dorthin.
Pferde sehen keinen Sinn darin, etwas für uns zu tun, wenn sie sich unwohl und nicht verstanden fühlen.

REITTRAINING

Zu unserem Tag gehört neben dem Gang vom Paddock zum Anbindeplatz, nun auch immer die Bodenarbeit, Spazieren gehen und auch das Reiten auf dem Reitplatz oder im Gelände.

Bei der Bodenarbeit macht Felix von Anfang an prima mit und man merkt, dass Nadine hier viel mit ihm trainiert hat. Das ist alles abrufbar und gespeichert bei ihm – solange keine ungewohnten Dinge von außen dazukommen. Passiert dies jedoch, steigt sofort sein Stresspegel und er schaltet auf Fluchtmodus um.
Da ich mich schon längere Zeit mit Felix beschäftige, habe ich gelernt, welche Dinge ihn stören und Auslöser für ihn sind. Nach und nach taste ich mich weiter vor.
Reithalle ist okay, aber die Ecken sind furchteinflößend und gruselig und die linke Seite der Reithalle findet er auch ganz schrecklich. Er lauert nur darauf, dass jemand rausspringt und ihn angreift.
Als Reiter muss man genau auf die Körpersprache solch eines Pferdes achten und es jede Sekunde lesen. Dazu gehört sicher schon einiges an Erfahrung, Übung und Sicherheit im Sattel. Auch vom Sattel aus müssen wir Felix Sicherheit und Souveränität vermitteln und das Gefühl, dass er bei uns gut aufgehoben ist.
Nele, meine Co-Trainerin, kommt so manches Mal in den Genuss einiger Bocksprünge von Felix. Er ist ein kleines, superschnelles und wendiges Pony und man hat fast keine Chance, diese Manöver zu sitzen. Zum Glück ist Nele eine sehr sichere Reiterin und kann sich auf dem Pferderücken festklammern wie ein Äffchen.

Felix muss merken: Die bleibt da oben einfach sitzen und ich muss mit ihr zusammen zurück an die gruselige Stelle. Dort werde ich dann gelobt und gestreichelt und ab und an bekomme ich sogar ein Leckerli. Es lohnt sich zu bleiben, wenn es auch etwas unheimlich raschelt.

Für mehr Sicherheit von oben etablieren wir außerdem das Biegen. Das heißt, Felix lernt, auf einseitige Zügelhilfe nachzugeben und seinen Kopf Richtung Reiterbein zu biegen. Dadurch nimmt man dem Pferd die Balancierstange. Es möchte natürlich zum Stehen kommen, damit es nicht hinfällt. Zum anderen kann es mit gebogenem Hals nicht mehr vorwärtsrennen und durchgehen. Diese Technik sollte man natürlich einem Pferd vorab in Ruhe und im Stand beibringen, dann aus dem Schritt und auch aus dem Trab. Und wer richtig gut ist, sprich einen guten ausbalancieren Sitz hat und ein gutes trittsicheres und ausbalanciertes Pferd, kann dies natürlich auch im Galopp etablieren. Entscheidend ist das richtige Timing, um das Pferd nicht aus der Balance zu bringen. Bei Felix setzen wir diese Technik in der Tat viel ein. Nele unternimmt mit Felix viele Ritte auf dem Reitplatz und im Gelände, damit sich Routine einstellt, Felix seine Angst vergisst und die Freude irgendwann überwiegt.

Wenn Nele merkt, dass Felix sich vor etwas aufzuregen droht, lenkt sie ihn ab, z. B. durch Eine-Volte-Reiten, Schenkelweichen oder Rückwärtsreiten, Schritt anreiten und Anhalten. Übungen, bei denen er sich wieder konzentrieren und die Aufmerksamkeit seiner Reiterin schenken muss. Er stellt sich super auf unser Training und vor allem auf Nele ein und es klappt immer besser.

Das Biegen etablieren wir bei Felix, damit er in Schrecksituationen schnell zum Stehen kommt.

Das Training gestalten wir vielseitig, um Felix an unterschiedliche Dinge zu gewöhnen.

Training für Fortgeschrittene: mit Fahne und Regenschirm!

Nele ist mit Felix ein richtig gutes Team geworden!

HAPPY END

Zu Felix' Geschichte gehört auch, dass er schon 17 Jahre alt ist und kurz nach dem Einreiten als Schulpferd genutzt wurde. Lange ging dies nicht gut, da er die Kinder abwarf, buckelte und fortlief. Nadine ist nun seine dritte Besitzerin.

Er stellt auch jetzt noch immer wieder die Nachfrage, ob Nadine auch in der Lage ist, ihn zu führen. Das ist natürlich sein absolutes Recht, aus Pferdesicht. Felix gehört zu den kleinen pfiffigen Kerlchen, die nicht zu allem Ja und Amen sagen und widerspruchslos machen, was ihnen der Mensch sagt. Er denkt mit, hat eigene Ideen und teilt diese auch mit. Er ist ein liebenswertes Pony, bei dem man jedoch immer auf der Hut und möglichst schneller im Denken sein muss, als er es ist. Man muss erfühlen, was er vorhat, und sofort reagieren, bevor er es tut.

Nadine muss nun ganz viel mit ihm arbeiten, ihn motivieren und Vertrauen aufbauen. Sie ist so oft, wie sie es zeitlich schaffen konnte, zu uns gekommen und hat Felix' Training begleitet.

Mittlerweile sind Nadine und Felix zu einem super und starken Team zusammengewachsen. Nachdem die alten Muster durchbrochen waren, hat sie von uns Unterrricht mit ihm zusammen bekommen. Wir mussten ihr erklären, wie ihr Pony denkt und funktioniert. Auch wie sie ab jetzt richtig und gut auf ihn einwirken kann, damit er sich bei ihr sicher fühlt und deshalb dann auch gern mit ihr mitgeht.

Ich bin so froh, dass sich Nadine auf unsere Art des Umgangs und der Pferdeausbildung eingelassen hat und nun wieder richtig glücklich ist mit ihrem kleinen Racker.

Seitdem Felix wieder zu Hause ist, sind die beiden fast jeden Tag zusammen unterwegs und sammeln Hunderte von Kilometern. Ich bekomme regelmäßig Videos und Fotos von ihnen und ihren Ausritten.

Toll, ihr Zwei! Weiter so!

Sogar einen Klappersack kann Felix am Ende neben sich ertragen.

— DIE EIGENSINNIGE KAISERIN

DER WEG ZUM REITPFERD
Wann und ob sich Layla reiten lässt, ist am Anfang nicht abzusehen.

Layla und Mandy

Wenn ein Pferd nur frei nach seinen eigenen Instinkten und Reflexen lebt, kann es schnell zu kleineren und größeren Problemen kommen. So ist das auch bei meinem nächsten Fall geschehen.

WILDES LEBEN

Die 13jährige Lipizzanerstute Layla ist eine ziemliche Herausforderung. Ihre Besitzerin Mandy bewarb sich mit einem Video bei uns und bat um Hilfe. Schon beim Anschauen des Videos kann man erkennen, dass dies eine kluge Entscheidung war. Layla tritt völlig respektlos und dominant gegenüber ihrer Besitzerin auf.
Im Gespräch mit Mandy erfahre ich, dass Layla bis zu ihrem 3. Lebensjahr bei ihrer Züchterin im Herdenverband aufgewachsen ist, bevor Mandy sie kaufte. Schon nach kurzer Zeit merkte Mandy, dass sie es nicht allein schaffen würde, aus diesem Pferdchen ein zuverlässiges Freizeitpferd zu machen, und suchte richtigerweise Hilfe. Layla kam zu einem klassischen Ausbilder, jedoch war dieser Versuch nicht von Erfolg gekrönt. Layla wollte sich partout nicht reiten lassen, geschweige denn überhaupt jemanden auf ihrem Rücken akzeptieren, sodass Mandy ihre Layla nach einiger Zeit wieder zu sich holte. Trotzdem gab sie nicht auf. Mit viel Ausdauer und Fleiß war es dann Mandy über die nächsten Jahre möglich, Layla zu satteln und sogar auf der Koppel ein wenig zu reiten. Ein Pferd auszubilden ist keine einfache Sache. Manch einer hat Glück und sein Pferd macht es ihm leicht. Hat man aber eine so starke Persönlichkeit wie Layla vor sich, sieht dies schon anders aus. Jedes Pferd ist ein Individuum mit eigenem Charakter. Je früher man diesen erkennt und lesen kann, umso gezielter kann man auf die Bedürfnisse des Pferdes eingehen und es fordern und fördern.

ACHTUNG

Um ein Jungpferd gezielt zu fördern, benötigt man Erfahrung, Wissen und Können.

DIE ERSTE BEGEGNUNG

Ich besuche Mandy und Layla, um mir persönlich ein Bild von der Situation zu machen. Schon bei der ersten Begegnung sehe ich, dass die Stute im Leben steht und keinen Menschen braucht. Sie ist sehr präsent und kräftig, hat einen klaren, festen Blick und strahlt absolute Eigenständigkeit aus. Ich bitte Mandy, einfach mal etwas aus ihrem Umgang mit Layla zu zeigen. Sie erzählt mir, dass sie mit Layla nicht vom Hof kommt, geschweige denn von der Koppel. Layla möchte einfach nicht von anderen Pferden weg und hat leider gelernt, ihren Körper voll und ganz einzusetzen. Davon kann ich mich auch direkt überzeugen. Ich fordere Mandy auf, Layla allein auf der Koppel in eine andere Ecke zu führen, um Laylas Reaktion und Verhalten zu sehen. Mandy kommt in der Tat nicht weit mit ihr. Als Layla merkt, dass Mandy sie von ihrer kleinen Herde wegführen möchte, biegt sie ihren Kopf und Hals nach rechts, macht auf dem Absatz kehrt und rennt zu ihrer Familie zurück. Mandy hat keine Chance. Nächster Versuch – ich bitte Mandy, ihre Stute zu satteln. Layla lässt sich nicht anbinden – also versucht Mandy, sie am Strick haltend auf der Koppel zu satteln. Ein schwieriges Unterfangen bei einem Pferd, das dabei nicht stillsteht.

Irgendwie gelingt es Mandy, den Sattel auf ihr zappelndes Pferd zu bekommen, und wir können sogar

den Gurt schließen. Laylas Körperhaltung sowie ihr Gesichtsausdruck sprechen Bände und ich kann schon am Blick der Stute erkennen, dass sie ganz genau weiß, was sie da tut. Sie macht auf mich keinen hysterischen, ängstli-

Layla hat anfangs wenig Muskulatur, zu viel Gewicht und keine Kondition.

chen oder überforderten Eindruck. Sie ist während ihres Abwehrverhaltens die Ruhe selbst. Sie hat einfach ihre Mandy im Griff, und sobald Layla Nein sagt, das will ich nicht, legt sie die Ohren an, droht mit dem Bein und, benutzt es auch, schlägt mit dem Schweif und steht nicht still.

Als ich mit leichtem Druck über Laylas Rücken fahre, vermute ich aufgrund ihrer Reaktion, dass ich einen Fachmann hinzuziehen sollte. Es scheint möglicherweise ein körperliches Problem zu geben. Diese Vermutung hat sich allerdings später nicht bestätigt. Wir haben Röntgenbilder vom Rücken erstellen lassen, die zum Glück ohne Befund waren.

Ich möchte Mandy gern helfen, aber auch Layla. Die braucht eine solide Grundausbildung und muss am Anfang die Basis lernen.

Da sie sich völlig respektlos und stur dem Menschen gegenüber verhält, ist hier erstmal viel Aufbauarbeit notwendig. Allerdings muss auch Mandy dazulernen und verstehen, wie ihre Layla tickt und wie sie mit ihr und ihrem Verhalten umgehen muss.

Für mich steht fest, dass diese willensstarke, aber auch stolze und tolle Stute tägliches Arbeiten braucht und ich sie dafür mit zu mir nehmen sollte. Mandy und ich besprechen unsere weitere Vorgehensweise und ich fahre zurück nach Hause. Ich freue mich schon auf die Ankunft dieser doch ziemlich eigensinnigen Stute. Sie ist eine spannende Persönlichkeit.

|2

1 Layla ist eine charakterstarke Stute. Ihr Vertrauen muss man sich verdienen.

2 Im Freilauf zeigt Layla, dass sie meine Körpersprache versteht.

3 Nach kurzer Zeit folgt sie mir durch die Halle.

GROSSBAUSTELLE UMGANG AM BODEN

Es kommt der Tag der Tage – Laylas Ankunft. Ich finde es sehr wichtig, die Pferde in den ersten Tagen in Ruhe zu lassen, damit sie ankommen können. Ich zeige ihnen den Hof, sie können sich an ihre Box, den Paddock und die Koppel gewöhnen.

Erst dann, wenn ein Pferd entspannt ist und sich an die neue Umgebung, die Gerüche und Geräusche gewöhnt hat, ist es fair, es nach Arbeit, Kopfarbeit, Ruhe und Konzentration zu fragen. Vor allem bei einem Pferd wie Layla, das nicht viel kennt, weder Anhänger fahren noch in einer anderen Umgebung sein, ist dieses Vorgehen wichtig.

LAYLA UND MANDY

3

Nachdem der Tierarzt Layla untersucht hat, kann es losgehen. Nach dieser Eingewöhnungszeit begann unser erster richtiger Trainingstag.
Zu Beginn will ich testen, wie sie auf Körpersprache reagiert, ob sie auf meine Energie anspricht und ob sie mir generell zuhört. Sie erstaunt mich, da sie am Boden mit mir gut agiert und kommuniziert. Ich kann sie wegschicken, aber auch ansaugen, um sie so wieder zu mir zu holen. Ganz brav folgt sie mir. Ich habe den Eindruck, sie fühlt sich wohl und sicher in der Reithalle.
Sie ist eine eher energiesparende Stute und macht wirklich nur das Notwendigste. Das Laufen fällt ihr schwer. Ein Grund ist ihr Körperbau und ihre aktuelle Konstitution, denn sie hat einen ziemlich dicken Bauch, keine Kondition und wenig Muskeln. Umso mehr freut es mich, dass ich sie dazu animieren kann, in der Halle zu rennen und zu buckeln.
Pferde sollen sich bewegen und aus sich herauskommen, gern buckeln, wild den Kopf hin und her schmeißen, eben einfach Pferd sein.
Ich befestige als Nächstes das Arbeitsseil, um zu prüfen, inwiefern ich ihren Körper bewegen kann. Ich möchte ihre Vorhand und ihre Hinterhand verschieben. Ich checke, wie gut sie sich schicken lässt und, viel wichtiger, wie gut sie sich wieder durchparieren lässt aus allen Gangarten. Das macht sie alles ganz gut.

Der Kappzaum ist auch bei Layla wieder die richtige Wahl.

In der ersten Arbeitswoche lasse ich den Pferden erstmal genügend Zeit, mich und die neuen Bedingungen in Ruhe kennenlernen zu können. Kommunikation am Boden ist dabei der Schwerpunkt.

Bei Pferden wie Layla ist die richtige Arbeitsausrüstung das A und O. Es war zu erwarten, dass Layla sofort versuchen würde sich loszureißen, sobald sie sich unsicher fühlt. Hier darf ich ihr auf keinen Fall die Chance geben, dies zu schaffen. Mit einem Stallhalfter hat man meist schlechte Karten. Also benutze ich dafür von der ersten Minute an einen Kappzaum. Das Pferd macht dabei die Erfahrung eines unangenehmen Drucks am Kopf, wenn es ausweicht.

Ich will ihr von der ersten Minute an klarmachen, wer bei uns die Führung hat und dass es besser ist, mit mir zu kooperieren. Vermeiden sollte man immer ein Kräftemessen, am Ende kann der Mensch dies körperlich nur verlieren und büßt dabei seine Führungsqualität in den Augen des Pferdes ein.

Der Mensch sollte nie kopflos und nervös reagieren, sondern mit Ruhe und Gelassenheit dem Pferd sagen, dass er die Führung und Kontrolle hat und dem Pferd deshalb nichts passieren kann.

Es geht nun darum, Laylas Kooperationsbereitschaft zu gewinnen.
___

Als wir mit der Arbeit beginnen, passiert natürlich, was zu erwarten war. Sie will sich entziehen, aber der Druck des Kappzaums verhindert dies. Solche Situationen gibt es natürlich immer wieder. Da es mir jedoch gelingt, schneller zu sein, bin ich in ihren Augen die Stärkere. Sie kann den Kappzaum nicht ignorieren und bekommt davor Respekt.
Layla wird von uns sehr lange vom Boden aus gearbeitet. Immer mehr stellt sich raus, dass unsere Layla eine Großbaustelle ist. Um das Ziel, also ein reitbares Pferd, zu erreichen, steht ausdauernder Basisarbeit an.

ÄNDERUNG DER EINSTELLUNG

Außerdem müssen wir eine Idee entwickeln, wie wir ihre Grundeinstellung ändern können, die uns große Sorgen bereitet. Sie sagt zu allem: „Nein, das will ich nicht, du hast mir gar nichts zu sagen. Das ist mir hier alles zu anstrengend". Irgendwie müssen wir sie für uns gewinnen und es

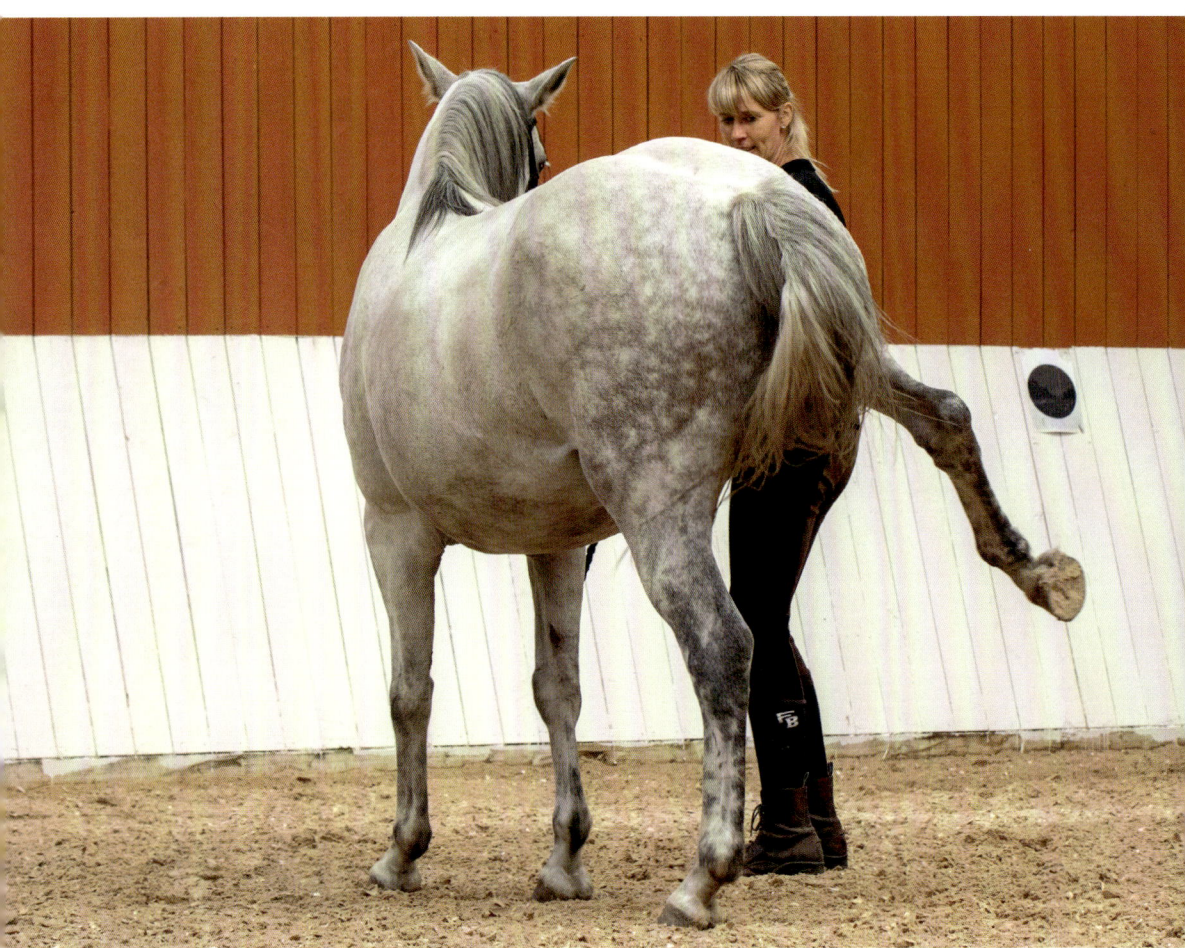

Wenn Layla etwas nicht gefällt, zeigt sie es deutlich.

schaffen, dass sie uns zuhört, mitmacht und im Idealfall auch so etwas wie Spaß dabei entwickeln kann. Das Schwierige beim Training mit Layla ist, dass sie unsere ungeteilte Aufmerksamkeit zu jedem Zeitpunkt in Anspruch nimmt. Ständig muss man sie beobachten, um zu erahnen, was sie als nächstes vorhat, um eine Sekunde schneller zu sein und diesen Fehler sofort zu ahnden und zu korrigieren.

Zum Beispiel steht Layla nicht still. Also muss jeder Schritt, den sie von sich aus nach vorn macht, wieder rückgängig gemacht werden. Das findet sie natürlich nervig und blöd. Aber da hilft alles nichts. Wir müssen glaubwürdiger werden, sodass sie uns mehr respektiert und uns zuhört.

Auch das Thema Anbinden ist eine Katastrophe. Sie steht nicht still, sondern geht ständig von links nach rechts und zurück, schlägt wild mit dem Kopf in den Zug des Stricks und des Halfters. Immer mit dem Ziel freizukommen.

Anfangs stehe ich am Anbindeplatz bei ihr am Kopf, mit einer Gerte bewaffnet. Ich ticke ihren Bauch an, damit sie wieder den Seitwärtsschritt zurückgeht. Manchmal bestehen unsere Trainingseinheiten nur aus Anbindetraining.

Langsam klappt es besser und ich kann meine Position verändern, mehr Abstand zu ihr halten, und sie bleibt stehen. Schon ein großer Erfolg für Layla. Deshalb beende ich diese Übung an dieser Stelle, um es zu einem angenehmen Abschluss für sie zu bringen.

So lernt sie, dass an diesem Anbindeplatz nichts Schlimmes passiert und man schnell wieder wegkommt, wenn man die Bitte des Menschen erfüllt. Natürlich gibt es weiterhin Tage, an denen sie wirklich partout nicht angebunden werden will. Dies zeigt sie ganz deutlich, indem sie steigt und laut schimpft.

Beeindruckend ist, dass sie nicht kopflos dabei ist, zwar wild und laut, aber sie reißt sich trotzdem nicht los.

Diese Momente warte ich einfach ab. Sie muss merken, dass ich nicht auf ihr Verhalten eingehe, ihr also keine Beachtung schenke. Ich merke, dass dies der richtige Weg für Layla ist, denn sie lässt dieses Verhalten irgendwann sein, scharrt dann bloß noch oder schüttelt den Kopf hin und her. Das Erfolgsrezept ist einfach die tägliche Anwendung und Wiederholung. Sie muss täglich in diese Situation gebracht werden, also angebunden stehen, warten, sich dabei nicht aufregen, um irgendwann wieder losgemacht zu werden und loszugehen. An dieser Stelle muss mein Lieblingswort „Routine" genannt werden.

Das Gebiss zu nehmen ist eine Herausforderung für Layla.

REITVORBEREITENDE ÜBUNGEN

Auch das Satteln ist nicht möglich. Sowas übe ich gern frei auf dem Reitplatz oder in der Reithalle. Ich habe dabei das Arbeitsseil in meiner Armbeuge liegen, sodass ich jederzeit zugreifen kann, ansonsten aber keinen Druck am Kopf ausübe.

Dann nehme ich den Sattel, um ihn auf den Rücken zu legen. Wie zu erwarten ist, geht Layla los, um aus dieser Situation zu kommen. Aber das darf ich nicht zulassen und folge ihr. Dabei achte ich darauf, dass es ihr nicht gelingt, geradeaus zu laufen.

Das erreiche ich, indem ich mit Hilfe des Stricks ihren Kopf oder Hals gebogen halte. Immer in meine Richtung. So gehen wir eigentlich immer im Kreis.

Immer wieder schaffe ich es, Layla den Sattel auf den Rücken zu legen, dann warte ich den Moment ab, bis sie stehen bleibt. Daraufhin nehme ich den Sattel sofort wieder herunter, drehe mich um und laufe mit ihr los.

Sie merkt schnell, dass sie nicht wegrennen kann, sie mich quasi nicht abschütteln kann, aber sie, sobald sie stehen bleibt, den Sattel loswerden

Bis sich Layla so richtig an den Sattel gewöhnt hat, dauert es einige Zeit.

kann und wir ganz entspannt durch die Halle laufen.

Habe ich es noch nicht geschafft, den Sattel auf ihren Rücken zu legen, lasse ich ihn mindestens Körperkontakt mit Layla haben, das heißt, ich halte ihn an ihren Bauch oder Rücken, je nachdem, bis wohin ich es eben schaffe, und verfahre dann genauso wie beschrieben. Ich bleibe dran und warte ab, bis sie stehen bleibt. So hat sie Zeit zum Nachdenken und hört auch mal nach hinten. Das wiederhole ich natürlich viele Male hintereinander. Schnell entspannt sie sich und lässt es immer besser zu, den Sattel auf ihren Rücken zu legen. Am Thema Sattel muss ich jeden Tag dranbleiben und immer wieder in ihr Bewusstsein rufen, dass Satteln nicht schlimm ist und sie sich nicht aufregen muss.

Nach relativ kurzer Zeit ist Satteln plötzlich kein Thema mehr und ich kann sie frei in der Halle entspannt satteln. Als ich es das nächste Mal am Anbindeplatz probiere, klappt es genauso gut wie am Ende in der Halle.

Wieder mal sehe ich meinen Ansatz von Ruhe, Konsequenz, Ausdauer, Routine und Klarheit bestätigt.

AUFBAU VON KONDITION

Eine weitere Baustelle sind Körper, Konstitution, Koordination und Körpergefühl. Wäre sie ein reines Koppelpferd, diente zur Zucht und sollte kein Reitpferd sein, wäre alles so ok. Sie ist groß, stark und mutig und hat Reserven für den Winter. Aber ihre Besitzerin möchte sie gern als Freizeitpferd nutzen. Dafür benötigt ein Pferd bestimmte körperliche Voraussetzungen, um selbst Freude und Lust daran zu haben. So muss auch eine Layla fitter werden.

Eine tolle Sache ist da die gymnastizierende Longenarbeit, was z. B. gleich auch die Lunge trainiert. Es ist gut, das Pferd in allen Gangarten zu longieren. Der Trainer sollte sich mit durch die Halle bewegen und den Zirkel verändern. Aufgaben wie den Zirkel zu verkleinern und wieder zu vergrößern, ein Stück geradeaus laufen, dann wieder um mich rum und geradeaus, fordert und fördert den gesamten Körper und Geist des Pferdes. Zwischendurch bleibe ich stehen und Layla läuft in einem kleineren Kreis um mich rum – bis ich sie ganz raus bis ans Longenende lasse.

Ich bin der festen Überzeugung, dass man ein Pferd nicht an der Trense, also am Gebiss, sondern an einen Kappzaum longierend arbeiten sollte. Gymnastizierendes Longieren besteht z. B. darin, dass ich das Pferd auf den verschiedensten Zirkelgrößen untertreten lasse. Es muss mit dem inneren Hinterbein unter den Schwerpunkt seines Körpers durch auf die andere Seite fußen und mit der Vorhand unter der Brust kreuzen. Das bedeutet Dehnung, Koordination und Kräftigung.

Dies ist auch eine wunderbare Vorbereitung für das Reiten, damit das Pferd biegsamer und weicher im gesamten Körper wird. In der Kopf-Hals-Führung wird das Pferd feiner, beweglicher und nachgiebiger.

1 An der Longe kann ich sie nahe bei mir arbeiten oder weiter wegschicken.

2 Sie findet den Weg in die Tiefe und entspannt.

3 Layla lernt besser unterzutreten und Gewicht mit der Hinterhand aufzunehmen.

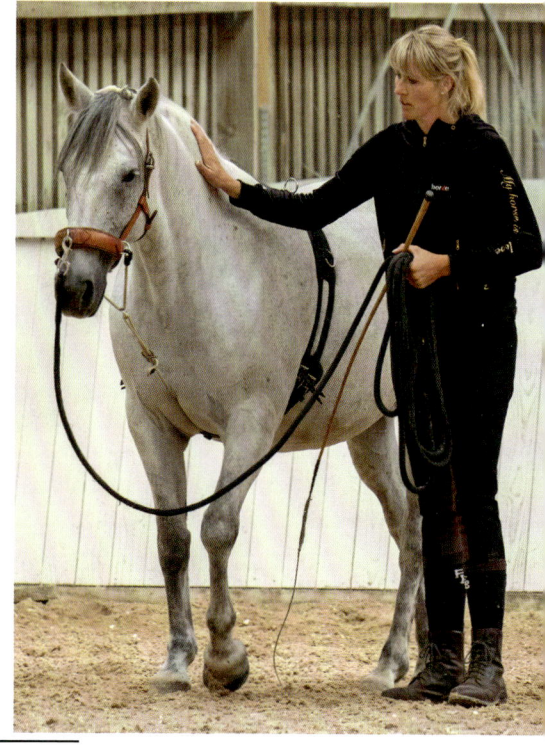

1

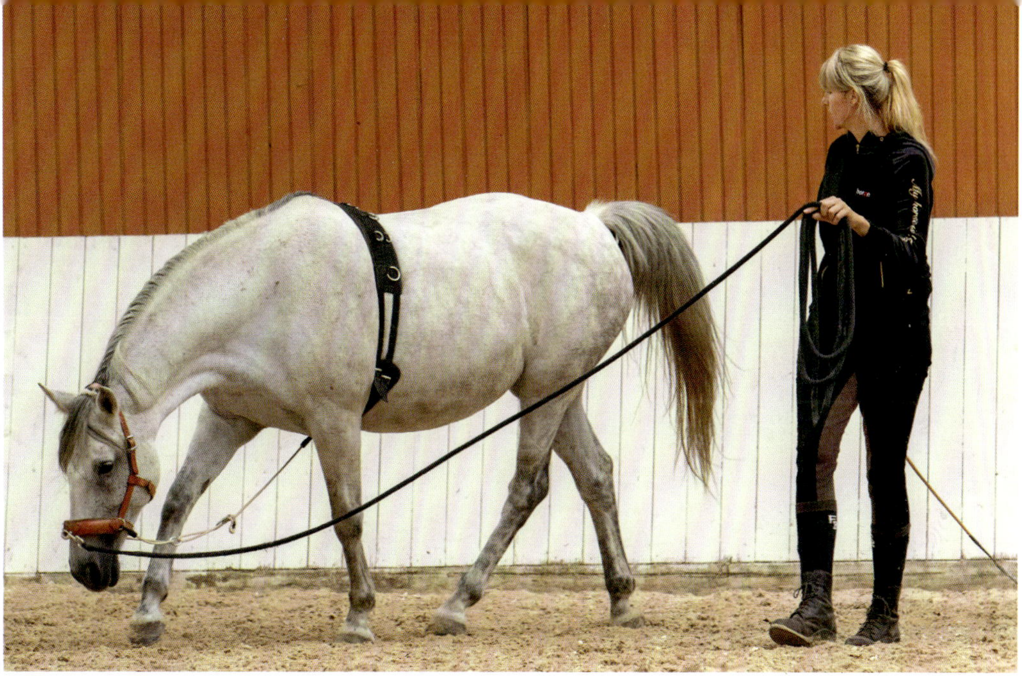

2

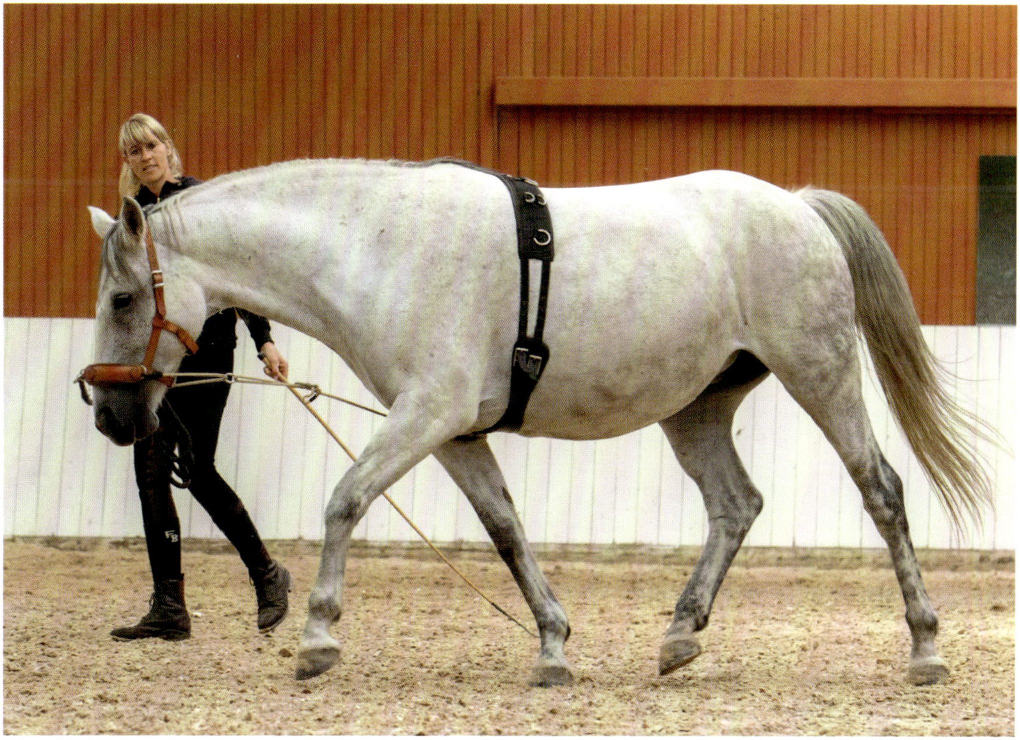

3

STANGENARBEIT

Zum weiteren Fitnessprogramm gehört ungedingt die Arbeit mit den Stangen.

Layla ist es anfangs nicht mal möglich, über eine einzelne Cavalettistange zu traben, ohne dabei anzugaloppieren, davor stehen zu bleiben, oder jedes Mal den Hals fürchterlich in die Höhe zu strecken mit einem ganz schlimmen Hohlrücken.
Wir machen viel Stangenarbeit im Schritt, das heißt, sie muss über Stangen treten, die am Boden liegen, und tasten uns nach und nach mit den Stangen auch in den Trab.

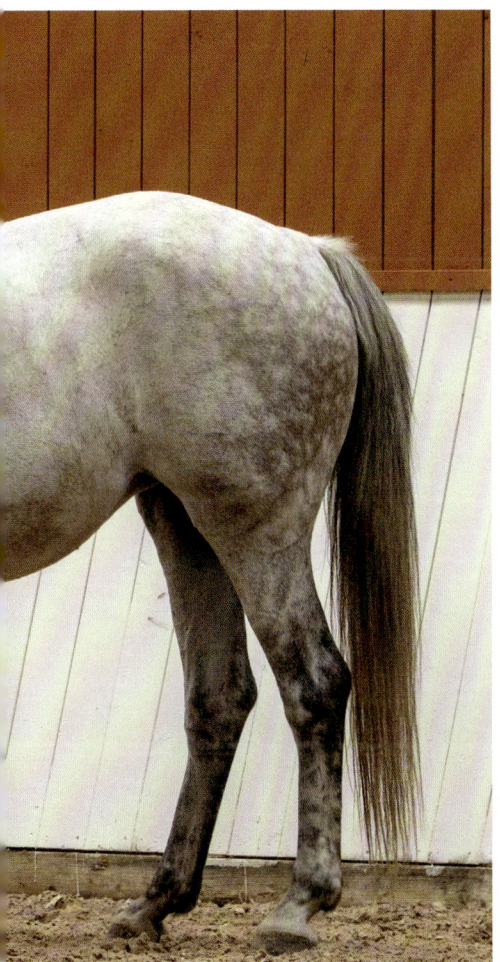

Layla lernt, ihr Abwehrverhalten abzulegen und mir die Führung zu überlassen.

ihr Kopf bereit, uns zu vertrauen und mit uns zu gehen. Hier helfen unsere Konsequenz und Ruhe, ihr Sicherheit zu geben. Sie akzeptiert immer besser die Führungsposition des Menschen. Auch das ist ein langer Weg.

TAXISPIEL

Das Endziel ist, Layla reiten zu können. Wir machen mit weiteren reitvorbereitenden Übungen weiter. Da gibt es zum Beispiel mein geliebtes Taxispiel, mit dem ich hoffe, Laylas Abwehrverhalten beim Aufsteigen in den Griff zu bekommen.

Neben ihr am Boden stehend zeigt sie sofort starkes Abwehrverhalten, tritt mit dem Hinterhuf gegen ihren Bauch und zielt auch nach mir. Ihr Kopf kommt rum, sie versucht mich zu beißen, und sie will natürlich auch fliehen.

Ich bleibe ruhig und gelassen, lasse mich nicht von ihrem Verhalten beeindrucken, ignoriere es einfach. Ich passe dann den Moment ab, in dem sie mal nichts macht und stehen bleibt, um direkt aufzuhören. Dann drehe ich mich um und gehe mit ihr weg. Lobe sie natürlich und vermittle ihr damit, dass dies genau das ist, was ich von ihr möchte.

Auch das muss ich jeden Tag wiederholen. Irgendwann wird es besser und sie akzeptiert es, ohne mich treten und beißen zu wollen. Sie findet es nach wie vor nicht so gut, aber sie reagiert zunehmend weniger aggressiv.

Auch dies bedarf einer ständigen Wiederholung und täglichen Übung. Außerdem müssen wir uns weiter an ihre Toleranzgrenze tasten, um das Weggehen vom Hof zu trainieren. Also üben wir in ganz kleinen Schritten und Minirunden. Jeden Tag ein paar Meter mehr. Nach und nach ist

LOSREITEN

Ganz wichtig ist uns, dass Layla einen guten Sattel bekommt, der auch gut für den Reiter in dieser Ausbildungsphase ist. Deshalb entscheiden wir uns für einen australischen Stocksattel, der angelehnt an einen Westernsattel ist. Man hat einen guten Halt, falls das Pferd dann doch mal buckeln sollte. An diesem Tag bin ich sehr froh darüber, dass wir uns mit Layla viel Zeit gelassen haben. Wir haben gründlichst an ihrer Einstellung gearbeitet und ihr das aggressive Abwehrverhalten mit der Zeit abgewöhnt.

Durch unser Taxispiel und die Hüpfübungen akzeptiert sie jetzt das Aufsteigen. Hier steigen wir allerdings an der Aufstiegshilfe auf. Layla bleibt ruhig stehen und wartet ohne jegliches Abwehrverhalten. Brav läuft sie dann im Schritt in der Halle mit mir und zeigt sich kooperativ. Welch ein schöner Erfolg!

Jetzt, auf ihrem Rücken sitzend, spüre ich erst recht ihren komplizierten Körperbau. Das Laufen mit dem Reitergewicht strengt sie an.

Ich stelle fest, dass sie mit dem Gebiss im Maul unzufrieden ist, da sie ununterbrochen kaut und versucht, mir die Zügel aus der Hand zu ziehen. Schenkelhilfe kennt sie keine. Schon zeigen sich also neue Baustellen. Die Basis des Reitens müssen wir ihr langsam und in kleinen Schritten beibringen. Wir wollen kein weiteres ungewolltes Abwehrverhalten hervorrufen und ihre Toleranzgrenze minimieren.

Also beginnen wir mit fünfminütigem Reiten täglich. Nach einigen Tagen versuchen wir sie kurzzeitig im Trab zu reiten. Das gefällt Layla gar nicht und sie will zum Buckeln ansetzen. Auf solch eine Situation sind wir aber eingestellt und haben im Vorfeld das Biegen am Boden geübt und gefestigt.

So können wir sofort reagieren, ihre Nase an das Reiterbein holen und damit den Schwung aus der Bewegung nehmen. Dies bedeutet zum einen Sicherheit für den Reiter, zum anderen

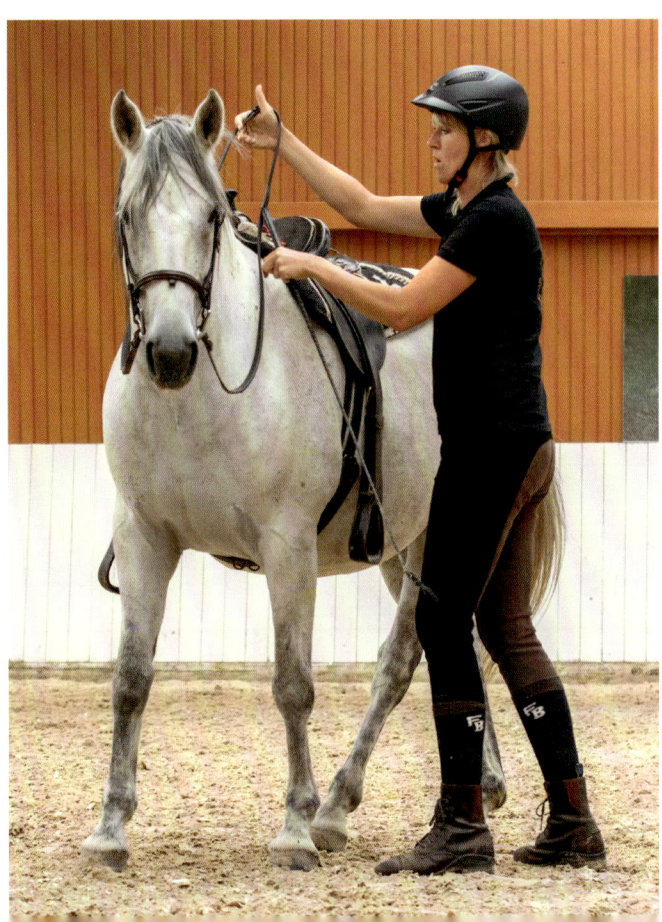

Das Stehenbleiben fällt Layla zunächst schwer.

machen wir es Layla unangenehm. So hat sie nur noch zwei Optionen. Entweder brav geradeaus gehen oder gebogen werden. Das begreifen die Pferde relativ schnell. Jetzt steht wieder Fleißarbeit und Routine auf dem Programm. Wir schaffen es, mit Layla immer größere Runden zu reiten. Sie unternimmt häufig Versuche, aus der Situation zu entkommen und nicht mit dem Reiter laufen zu müssen. Unsere Reaktion darauf ist immer dieselbe, also biegen. Irgendwann kommt es immer seltener vor, dass sie versucht, sich zu entziehen, und schließlich lässt sie es ganz. Wieder ein Erfolg, der uns froh macht.

Wir etablierten die Übung der Vor- und Hinterhandwendung und das Rückwärtsgehen. Das klappt auch bald ganz prima in der Halle und wir können den nächsten Schritt in Angriff nehmen.

Das ganze Spiel nun draußen auf dem Platz wiederholen. Neuer Ort, alte Layla – sie zeigt zunächst ihr gewohntes Verhalten.

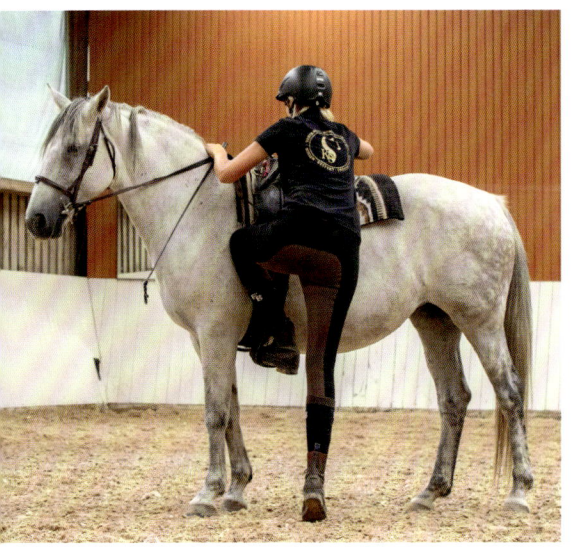

Beim ersten Aufsteigen zahlt sich die Vorarbeit aus: Layla wehrt sich nicht.

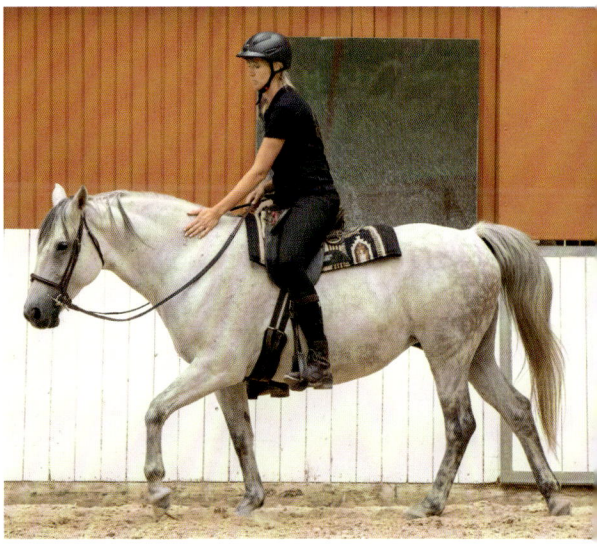

Im Schritt dreht Layla entspannt ihre ersten Runden unter dem Reiter.

Übertreten mit der Vor- und Hinterhand muss Layla üben.

setzlichkeiten mehr, aber man muss sich total auf sie konzentrieren und sie immer wieder in die richtige Bahn bringen, ihre Energie lenken und über sie Grenzsetzung, Klarheit, Fairness, Führung und Routine weiter ausbilden.

ARBEIT MIT MANDY

Das soll nun Mandy als ihre Besitzerin in der Zukunft übernehmen. Sie muss zu Hause mit ihr klarkommen. Leider hatte sie aufgrund ihrer familiären Einbindung und ihres Jobs sehr wenig Zeit, Layla zu besuchen und am Training teilzunehmen. Es ist unglaublich wichtig, dass der Besitzer diesen Prozess begleitet, um selbst zu lernen, umzudenken und zuzusehen, wie man mit seinem Pferd umgehen sollte. Ein paar wenige Male konnten wir Mandy coachen und versuchen, die beiden zusammenzubringen. Sehr spannend war der Moment des ersten Aufsteigens.

Sie sagt uns, dass sie das eigentlich nicht will, lieber losrennt und alles runterbuckeln möchte. Wir können sie jedes Mal davon überzeugen, dass es doch gar nicht schlimm ist und drehen so von Tag zu Tag größere Runden mit ihr. Irgendwann kommen wir in den normalen Einreitprozess eines jungen Pferdes.

Layla ist eine lange Zeit bei uns gewesen, das war auch gut so. Sie ist ein sehr willensstarkes Pferd, das immer aufs Neue nachfragen wird, ob sie dies oder jenes wirklich tun muss. Sie zeigt mittlerweile keine großen Wider-

Wir hatten in den letzten Wochen die verschiedensten Reiter auf Layla gesetzt und kein einziges Mal hatte sie sich zur Wehr gesetzt.

Als Mandy nun das erste Mal aufsteigen möchte, erleben wir genau das Verhalten, das sie am Tag meines ersten Besuchs an den Tag gelegt hatte. Layla ist ein super Beispiel dafür, wie Pferde in Mustern denken, diese abspeichern und Verhalten mit bestimmten Menschen verknüpfen können. Für beide war das Reiten mit vielen negativen Erfahrungen verknüpft. Beide hatten ihre Bilder

Der erste Trab in der Halle ist spannend für Layla.

im Kopf. Mandy hatte natürlich auch Angst nach all dem Erlebten mit Layla.

Ich muss Mandy so instruieren und unterstützen, dass sie genauso vorgehen kann, wie ich es mit Layla täglich geübt habe. Sie braucht eine klare Anleitung. Sie muss so tun, als ob sie aufsteigen möchte, den Fuß dann aber wieder aus dem Bügel nehmen und ein paar Runden laufen. Falls sich Layla wehrt, muss sie dies ignorieren. Kommt Layla mit dem Kopf herum, muss sie diesen zurück nach vorn schieben.

Langsam entspannt sich Layla, bleibt still stehen und Mandy darf auf ihren Rücken. Nach ein paar Runden in der Halle fordere ich Mandy auf, unter meiner Anleitung einige Übungen umzusetzen, wie das Biegen, Rückwärtsgehen und Übertreten.
Alles mit ganz viel Lob und Bestätigung für das Pferd. Ich sehe eine glückliche Mandy auf ihrem Pferd. Nach und nach beginnen wir kleine Runden im Gelände zu reiten, noch in Begleitung anderer Pferde. Wir vergrößern mit der Zeit unsere Runden und Layla zeigt sich sehr brav dabei.

Wird es ihr zu anstrengend, zeigt sie uns dies durch kleine Buckelversuche. Gut, dass wir den Stocksattel gewählt haben. Hier hat der Reiter einen guten Halt und kann durch Biegen Layla zum Stehen bringen. Danach muss man sofort wieder ganz entspannt weiterreiten. Eine Pause wäre falsch, denn das war ja das Ziel ihrer Aktion. Im Gelände kann man wie in der Halle oder auf dem Platz viele Übungen einbauen, die den Kopf des Pferdes beschäftigen und es zur Mitarbeit motivieren.

Als wir versuchen, allein mit ihr ins Gelände zu gehen, ist ihre Bereitschaft wesentlich geringer, weitere Entfernungen zurückzulegen. Das muss man nun täglich aufbauen, üben und wiederholen. Wie alles, was wir bisher trainiert haben. Eine gute Idee ist es hier, dabei kleine Pausen zu machen, in denen das Pferd grasen darf. Das Pferd geht motivierter vom Hof mit der Aussicht, grasen zu dürfen. So kann man die Länge und Entfernung langsam steigern.

Mandy besucht uns nach einiger Zeit noch einmal und wir reiten zunächst eine Weile in der Halle, bevor wir uns ins Gelände trauen. Sie ist glücklich, dass Layla brav vorneweg geht und keine Anstalten macht, sie runterzubuckeln.

Nun ist Layla gut genug vorbereitet, um die tägliche Routinearbeit mit ihrer Besitzerin Mandy zu starten, und Mandy ist froh, endlich ihre Layla abholen zu dürfen.

1

ROUTINE

Ich mache Mandy eindringlich klar, dass es unbedingt erforderlich ist, mit ihrer Stute direkt da weiterzumachen, wo wir stehen. Im Moment ist Layla kooperativ und motiviert. Sie befindet sich im Arbeitsmodus und macht, um was man sie bittet.

Ich mache Mandy klar, dass sie sofort zu Hause alles das, was wir ihr gezeigt haben, mit Layla trainieren muss. Sie muss an sich arbeiten und darf keine Angst zeigen, denn ihre Stute kann nun all die Dinge, die sich Mandy von ihr wünscht.

Layla ist eine tolle Stute. Schlau, unerschrocken, impulsiv und stark. Sie macht alles für ihren Menschen, wenn sie ihn respektiert und ihm vertraut. Mir ist Layla nach den vielen Monaten der täglichen Arbeit sehr ans Herz gewachsen und ich gebe sie mit einem lachenden und einem weinenden Auge mit nach Hause.

1 Das Reiten im Gelände ist der nächste Schritt in Laylas Ausbildung.

2 Mit viel Lob und Routine wird aus Layla ein zuverlässiges Reitpferd.

3 Das Biegen sorgt dafür, Layla anhalten zu können, wenn sie losstarten möchte.

GELERNT IST GELERNT!
Als ehemaliges Showpferd beherrscht Apollo das Steigen in Perfektion.

Apollo und Anett

Wenn Pferde mehr können als ihre Besitzer, kann das schnell zu kleineren und größeren Problemen im Alltag führen. So auch bei Apollo und Anett.

EINE BESONDERE RASSE

Zu mir kommt an einem schönen Sommertag Apollo, alias Temerelle. Ein vielversprechender spanischer Name aus der griechischen Mythologie. Schnell ist mir klar, dass Apollo ein spannendes Pferd ist, aufgrund seiner Rasse und Herkunft. Apollo ist ein Menorquino, also ein Angehöriger einer Pferderasse, die der Insel Menorca entstammt und eine Kreuzung zwischen der dortigen alten Landesrasse und den später mitgebrachten PREs ist. Menorquiner – auf der Hinterhand tanzende Hengste mit einem imposanten Erscheinungsbild – kaum eine Pferderasse übt eine derartige Faszination aus. Die auf der Balearen-Insel Menorca beheimatete Rasse wird offiziell als Caballo de Pura Raza Menorquina bezeichnet übersetzt: reinrassiges menorquinisches Pferd, und ist mit ihren rhythmischen Bewegungen wie geschaffen für die hohe Kunst des Dressurreitens. Harmonisch und leichtfüßig tänzeln die Pferde förmlich durch die Lektionen im einheimischen Reitstil Doma Menorquina und sorgen dabei vor allem mit ihrem Lauf auf der Hinterhand für Furore, den sie als einzige Pferderasse weltweit beherrschen.

Beim sogenannten Bot und der Laufcourbette steigen die Menorquiner scheinbar mühelos hinauf, um auf den Hinterbeinen ihr einzigartiges Können zu demonstrieren. Dabei schaffen sie es, bis zu 40 Metern auf den beiden Hinterbeinen zu laufen. Der Bot ist jedoch nicht angeboren, sondern muss von den mutigen Pferden erst erlernt werden. Da verwundert es kaum, dass sie in ihrer Heimat die Hauptattraktion zahlreicher traditioneller Feierlichkeiten und volkstümlicher Festumzüge sind, die jährlich Tausende von Zuschauern anlocken.

Die Menorquiner wurden vorrangig als Arbeitspferde gezüchtet und eingesetzt, aber eben auch als Fortbewegungsmittel. Diese Rasse ist dem Menschen sehr zugewandt, schlau, fleißig, arbeitswillig und gelassen.

Für Apollo hat sich das Steigen als Verhaltensmuster etabliert.

DIE VORGESCHICHTE

Und nun ist Apollo genau aus diesem Grund bei mir – sein Steigen! Für ihn wohl die selbstverständlichste Sache der Welt.
Seine Besitzerin Anett meldet sich völlig verzweifelt bei mir und erzählt, dass Apollo nur noch steigt, wenn er ins Gelände soll, sodass sie mit ihm mittlerweile nicht mehr vom Hof kommt.
In der Gruppe geht es eine Zeit lang gut, doch dann überlegt er es sich irgendwann anders und geht nicht

mehr weiter. Setzt man ihn dann unter Druck, beginnt er nach und nach immer mehr zu steigen. Außerdem wählt er dann noch das Rückwärtslaufen, um der Situation zu entkommen. Dieses Verhalten zeigt er nun schon längere Zeit. Trotz aller Bemühungen seiner Besitzerin und ihrer Reitbeteiligung bekommen diese es einfach nicht in den Griff, im Gegenteil – Apollo verfestigt dieses Verhalten immer stärker.

Apollo ist mittlerweile 18 Jahre alt und kam vor drei Jahren zu Anett. Er hatte schon eine weite Reise hinter sich: Geboren auf Menorca ging es für ihn irgendwann nach Italien, wo er dann sieben Jahre ein Showpferdeleben lebte, bis er nach Deutschland zu seiner neuen Besitzerin ging. Dann verliebte sich Anett in ihn und kaufte den Wallach.

Anfänglich gab es noch weitere Probleme. Man konnte ihn auf dem Reitplatz schwer händeln und kaum reiten. Besonders schwierig gestaltete sich das Reiten in Anlehnung und er schlug heftig mit dem Kopf. Auch kaute er stark auf dem Gebiss und war generell sehr nervös. Apollo ist ein sehr energetisches, waches und sensibles Pferd, was typisch für diese Rasse ist, wie auch die Bereitschaft zu arbeiten und es dem Menschen recht zu machen. Er ist eben ein Vertreter einer sehr intelligenten Pferderasse.

Die Menorquinis zeichnen sich durch Intelligenz und Arbeitswillen aus.

DER ERSTE BESUCH

Als ich Apollo in seinem Zuhause besuche, finde ich ein entspanntes, für seine Rasse kleines, schwarzes, nicht gerade im rassetypischen Exterieur stehendes Pferdchen vor, das in einer kleinen Herde mit drei anderen Pferden den Tag über auf seinem Paddock verbringt und abends wieder in die Box gebracht wird. Seine Besitzerin berichtet weiter, dass er ein sehr kollegiales und soziales Pferd ist und gut mit anderen zurechtkommt. Kommen neue Pferde dazu, markiert er den wilden spanischen Hengst, aber nach kurzer Kennenlernphase entspannt er sich und ist ein braver Wallach.

Wallache, die spät gelegt, das heißt kastriert wurden, neigen zu Hengstverhalten und zeigen gern, dass sie mal große, starke und mutige Pferdemänner waren. So eben auch Apollo. Als ich seine Besitzerin nach weiteren Eigenschaften frage, erzählt sie, dass, sobald man ihm eine Decke auflegt, er sich im Kreis dreht, sich in den Bauch beißt und dabei die Decke zerstört. In Stresssituationen kommt es hin und wieder mal vor, dass er sich selbst verletzen möchte und sich in Brust und Bauch beißt.

Solch ein Verhalten spricht schon für eine extreme psychische Störung und zeugt von immensem Stress. Wahrscheinlich beruht es aus der Phase seines Lebens, in der er völlig missverstanden wurde und wo für ihn völlig unverständliche Dinge geschahen. Kommt er also jetzt in eine für ihn verwirrende Situation, reagiert er mit diesem abgespeicherten Verhaltensmuster. Dies ist eine massive Störung, bei der es unklar ist, inwieweit man diese wieder löschen und neu überspielen kann.

Gerät Apollo in eine Situation, in der er Stress empfindet, schlägt er heftig mit dem Kopf.

Zu diesem Zeitpunkt kann ich der Besitzerin also nicht garantieren, ob wir hier Erfolg haben werden, denn wenn der Kopf eines Pferdes so ausgeprägt programmiert ist, gibt es einfach Mauern, die selbst die besten Trainer nicht einreißen können.
Sie will es aber um jeden Preis versuchen, um ihrem geliebten Apollo ein Leben als entspanntes Freizeitpferd zu ermöglichen.

TRENNUNGSANGST

Wie jedes Pferd bei mir darf Apollo für ein paar Tage ankommen, den Hof und die Umgebung sowie die Halle kennenlernen.
Schnell zeigt er uns, dass er ein temperamentvolles, waches und arbeitswilliges Pferd ist, andererseits aber auch zappelig und hyperaktiv sein kann.
Er kann nicht stillstehen, läuft ständig herum. Sein Kopf ist überall und nirgends, registriert jede Kleinigkeit, die um ihn herum passiert.
Prinzipiell sind dies tolle Voraussetzungen, um mit einem Pferd zu arbeiten und ihm Neues beizubringen.
Nun kommt es darauf an, dass es uns gelingt, seine Energie in die richtige Richtung zu lenken und zu leiten. Während dieser Anfangsphase wächst in mir immer mehr die Hoffnung und später dann die Gewissheit, dass Apollo eine echte Chance hat. Das freut mich sehr.
Anfänglich kommt es natürlich vor, dass er sich vor Stress in den Bauch beißen will. Immer dann, wenn ein Pferd den Stall verlässt, rennt er raus

Apollos Aufmerksamkeit entgeht nichts.

und rein, wiehert, trabt in seinem Paddock im Kreis, beißt sich dabei in den Bauch oder tritt mit den Hinterfüßen hinein. In ganz besonders stressigen Momenten beißt er leider auch Menschen.

Dies ist echt ein echt heftiges Verhaltensmuster und ein deutliches Zeichen von a) Trennungsangst und b) viel Stress in seinem Leben, wo er sich als Übersprunghandlung dieses Verhalten angewöhnt hat.

Im Fall Apollos ist dies ein Zeichen von großer Trennungsangst. Er wird also sehr an seinen Freunden, an seiner Herde kleben, nicht wegwollen und kriegt Panik, wenn einer seiner Kumpel die Gruppe verlässt oder eben, wenn er diese Gruppe verlassen muss. Und hier schließt sich dann für mich der Kreis.

Das wird der Grund gewesen sein für das Verhalten bei seiner jetzigen Besitzerin. Er musste weg von zu Hause. Hinzu kam, dass er merkte, dass sein neuer Mensch – egal ob vom Boden oder vom Sattel aus – unsicher und uneindeutig reagiert.

Für ihn nimmt der Mensch nicht die Führungsrolle ein und hat nicht die notwendige Kontrolle. Dadurch gewöhnte er sich dann dieses, seinen Menschen störende, Verhalten an, also z. B. das Rückwärtslaufen. Er erreichte damit sein Ziel, kam zurück zum Hof, also zur Herde.

Pferde lernen nur durch Ja oder Nein, sprich: Es geht oder geht nicht. Und da es oft ging, konnte sich dieses Verhalten wunderbar festigen.

GRUNDLAGENTRAINING

Am Anfang steht bei mir immer die Kennenlernphase. Das heißt, ich lerne das Pferd kennen und das Pferd mich. Ich überfalle neue Pferde nicht mit vollem Trainingsprogramm. Die ersten Einheiten finden immer am Boden statt, am langen Arbeitsseil. Ich möchte schauen, wie das Pferd auf mich reagiert, ob es mir Platz macht, wenn ich auf die Hinterhand oder Vorhand zulaufe, wie es auf treibende Hilfen reagiert, wie viel Energie ich brauche, um das Pferd in die nächste Gangart zu bekommen, und wie viel Energie weniger ich brauche, um es wieder durchzuparieren.

Bleibt es stehen, solange ich es bitte? Geht es rückwärts auf kleinste Zeichen? Kann ich den Kopf auf Kommando senken lassen? Da lege ich z. B. meine Hand oben auf das Genick mit einem minimalen Druck. Gibt das Pferd nach und lässt den Hals und den Kopf fallen? Ist es erschrocken oder unerschrocken? Kann ich das Friendly-game-Spiel machen mit Gerte, Stick, meinem Tüten-Stick? Da gehe ich einfach meine kleine Checkliste durch und schaue, woran man am Boden erst noch arbeiten sollte, damit die Kommunikation und die Harmonie stimmen und man zusammen in Ruhe arbeiten kann. Pferd sowie Mensch sollen einfach keinen Stress beim Zusammensein und in der Zusammenarbeit haben.

Das, so finde ich, ist die wichtigste Voraussetzung für ein schönes, ruhiges und konstruktives Training. Ganz egal, was ich in jeder Einheit trainieren möchte.

Genauso beginne ich also meine Arbeit mit Apollo. Am Boden gibt es mit ihm bis auf sein Rumgetänzle und Nicht-stillstehen-Können keine größeren Probleme.

Also ist klar, dass dies die ersten Aufgaben der Bodenarbeit sind. Damit Apollo lernt, still stehen zu bleiben, ist es wichtig, dass man jede Vorwärtsbewegung korrigiert. Wenn er also zwei Schritte nach vorn machte, schick ich ihn zwei Schritte zurück, lobe ihn und bleibe selbst wieder ruhig und entspannt stehen. Das muss man wirklich durchhalten und stets überall korrigieren.

Auch in der Reithalle, wenn man irgendwo stehen bleibt, um sich mit einer Freundin zu unterhalten, beim Spazierengehen, wenn man sich die Schnürsenkel wieder zubinden muss, oder wenn man eine Straße überqueren möchte. Ein schönes Beispiel dafür, um zu verdeutlichen, wie wichtig

Stehenbleiben und Abwarten gelingt am Anfang nur mit Mühe.

es ist, dass ein Pferd auf Kommando einfach gechillt stehen bleiben und warten kann.

Denn wenn ich an der Straße stehe, um sie zu überqueren, muss ich vielleicht mal eine Minute warten, wenn viele Autos kommen. Hat dann mein Pferd nicht gelernt, dass HALT auch wirklich HALT bedeutet, kann es ganz schön gefährlich werden. Also ist dies sicherheitsbedingt ein Muss und dient auch zur Gelassenheit und Entspannung in solchen Situationen. Das ist unverzichtbar bei einem Freizeitpferd.

ERSTES REITTRAINING

Nach diesen unterschiedlichen, gut gefestigten Übungen vom Boden aus beschließen wir nach etwa zwei Wochen, Apollo mit dem Sattel zu konfrontieren.

In der sicheren Halle setzt sich meine Co-Trainerin Nele erstmals auf Apollos Rücken, da wir ja wissen, dass er ohne Stress ein liebes, sicheres Reitpferd ist. Ich selbst bin zu schwer und vor allem zu groß, um Apollo zu reiten, und deshalb übernimmt Nele diesen Part.

Wir testen zu Beginn, genauso wie vorher am Boden, wie er auf verschiedene Hilfen wie Schenkel und Gewicht reagiert und wie der Stand seiner reiterlichen Ausbildung ist. Schnell zeigt sich, dass er sehr triebig ist, kein eigenes „Go" hat und viel Antrieb durch den Schenkel benötigt. Noch schwerer ist es, ihn in den Galopp zu bekommen. Er ist zu jeder Zeit super brav, wirkt dabei jedoch sehr stumpf, hat dabei zusätzlich Stress im Maul und mit dem Gebiss. Auch fehlt ihm das Verständnis für das Zusammenspiel von Schenkel und Zügelhilfe. Er zeigt wenig Freude am Gerittenwerden und sein Kopf ist immer ganz hoch gestreckt und läuft dabei die meiste Zeit natürlich im Hohlkreuz. Wir haben genug gesehen und es ist an der Zeit, einen Arbeitsplan für Apollo zu erstellen. Das bedeutet: Ziele setzen.

Als Erstes wollen wir ihm nochmal das Einmaleins der Reiterei vermitteln. Wir wollen erreichen, dass er weicher wird bei den Zügel- und Schenkelhilfen. Da Apollo sich ja schon über lange Zeit in seinem alten Muster bewegt, bedeutet dies jetzt erstmal über einen längeren Zeitraum tägliches Reittraining und Routine, um das alte Muster zu überschreiben und das neue zu festigen.

Ich erinnere mich, dass Apollo auf dem Reitplatz auch gebisslos geritten worden sein soll. Dies probieren wir natürlich, weil wir hoffen, so den Stress vielleicht verringern zu können. Hierfür braucht es wirklich eine sehr feine Hand und ein perfektes Zusammenspiel, also ein perfektes Timing mit dem Schenkel und der Hand. Mit der gebisslosen Trense zeigt er direkt ein ganz anderes Bild. Wir staunen nicht schlecht.

Sein Maul und sogleich auch sein Kopf sind viel ruhiger und er kann sich sofort besser auf den Reiter konzentrieren und einlassen, ist williger und bereiter zur Mitarbeit.

Die gebisslose Zäumung nimmt Apollo sofort dankbar an.

Ein sehr schönes Beispiel dafür, dass jedes Pferd einfach im Kopf bereit sein muss, mitzudenken und mitzumachen, um ein gutes, motiviertes Reitpferd zu werden.

Auch zeigt es, wie leicht ein Pferd ablenkbar ist und sich aus seiner inneren Balance bringt. Es fühlt sich nicht gut, kann nicht nachdenken und mitarbeiten, was zur Minderung seiner Leistungsfähigkeit und seiner Motivation führt.

Apollo ist 18 und hat eine sehr aufregende Vergangenheit hinter sich.

Die spanischen Reiter sind nicht zimperlich und reiten häufig mit harter Hand; verschiedene Besitzer und spanische Bereiter – all dies hat Apollo schon hinter sich (es gibt Videos und Fotos von seinen Shows auf Menorca und Italien).

Mit diesem Wissen geht es uns nun darum, einen Weg zu finden, Pferd und Reiter zusammenzubringen. Das würde nicht einfach sein.

Über die Zeit ist es sehr schön zu sehen, wie schnell Apollo wieder lernt, den Schenkel anzunehmen, und die sanfte Handführung akzeptiert. Nach und nach gibt er von selbst nach und wird fleißiger im Schritt, ohne dass man ihn ständig darum bitten muss. Er geht einfach von sich aus weiter. Ein schöner Erfolg!

Weg vom Hof zu reiten gefällt Apollo erstmal überhaupt nicht.

DER ERSTE AUSRITT

Nun wird es Zeit, einen Versuch im Gelände zu wagen. Auch hier ist mein Grundsatz, die Anforderungen nur langsam zu steigern und kleine Erfolge lobend bewusst zu machen.
Also gehen wir mit Apollo einfach erstmal nur eine Runde um die Anlage. Dies macht er zu unserem Erstaunen sehr brav und völlig ohne Komplikationen; man bedenke, er ist ja ganz allein!
Ich begleite Nele und Apollo vom Boden aus, gehe jedoch nicht vor, sondern überlasse Apollo die Spitze. Wir wollen ja einfach rauskriegen, wie er reagiert. Wir sind fast am Ende der Runde, als ich Nele nochmal bitte, kurz zurückzukommen.
Jetzt zeigt uns Apollo sein gewohntes Verhalten und den Grund, weshalb er bei uns im Training ist. Er hat entschieden, in den Stall zu wollen Da sind seine Kumpel und dorthin will er nun eben auch zurück. Also spult er sein Programm ab – rückwärtsgehen und steigen.
Diese Situation macht uns deutlich, was genau er macht, in welcher Stärke und aus welchem Grund. Es ist natürlich klar, dass wir ihn so nicht zurück nach Hause bringen können. Wir wollen aber auch eine direkte Konfrontation mit ihm vermeiden.
Klar ist jedoch definitiv, dass er über den Verweigerungspunkt hinausmuss, zumindest wenige Meter vorwärts. Jetzt darf der Reiter nicht aggressiv und ruppig werden und das Tier zwingen, sondern ihn einfach durch leichten, aber stetigen durchgehenden rhythmischen Druck zu bitten: „Nimm den Schenkel an und geh einfach vorwärts!"
Wir haben schon die Erfahrung gemacht, dass Apollo bei zu viel Druck die Tendenz zeigt, gleich zu steigen. Also ist es jetzt Neles Aufgabe, genau an dieser Intensität nicht mit steigen-

Durch Umdrehen und Rückwärtslaufen versucht er, der Situation zu entkommen.

sondern lacht und mit ruhiger, gelassener Stimme ihn motiviert, vorwärtszugehen. Apollo hüpft und hüpft, aber irgendwann macht er die ersten Schritte wieder nach vorn. Nele hört direkt in diesem Moment mit dem rhythmischen Druck auf und lobt ihn ganz überschwänglich. Dies erfordert ein perfektes Timing. Jetzt kommen wir wieder problemlos ein Stück vom Hof weg. An der Stelle beenden wir diese Übung.

Apollo hat uns gezeigt, wie er reagiert, wenn er etwas nicht möchte, und er hat gelernt, dass der Reiter sich durchsetzen kann – auf ganz friedliche und spielerische Art und Weise. Kein Geziehe, Geschreie, keine Gewalt. Am Ende des Tages ist das immer das Allerwichtigste – der Mensch ist nicht aus der Ruhe zu bringen, und wenn das Pferd tut, worum der Mensch es bittet, gibt es viel Lob, Ruhe und keinen Stress. Er kann nun auf seinen Paddock und seine neue Erfahrung verarbeiten.

Wenn man das in sein Training einbaut und immer wieder aus dieser dem Druck weiterzumachen, sondern mit rhythmischem gleichbleibendem Druck ihn in die nächsten Vorwärtsschritte zu bekommen. Apollo merkt recht schnell, dass die Reaktion auf sein altes antrainiertes Verhalten eine andere ist. Da sitzt jemand, der keine Angst bei seinem Gesteige und Gehüpfe spüren lässt,

WICHTIG

Das, was Pferde eigentlich wollen, ist: Harmonie, Gemeinsamkeit und Ruhe.

Apollo geht nun gern ins Gelände, auch ohne andere Pferde.

Position heraus, aus einer eigenen inneren Ruhe und Souveränität arbeitet und versucht, mit dem Tier zu kommunizieren, wird es das sehr schnell merken und sich ebenso entspannen können. Erst dann kann auch ein Pferd nachdenken und etwas lernen. Die Runden um unseren Hof werden nach und nach größer und länger. Als wir die ersten größeren Ausritte machen, nehmen wir Apollo erstmal in einer Gruppe mit, um zu sehen, wie er reagiert, wenn er wirklich weit weg von zu Hause ist. In der Gruppe ist er ruhig und zu unserem Erstaunen geht unser Apollo mit immer flotteren Schrittes voneweg.
Die Besitzerin hatte uns erzählt, dass er nicht gern vorn läuft und auch nicht gerade fleißig in einer Gruppe mitgeht. Dies konnten wir aber nicht bestätigen. Bei uns ist er nun von Tag eins an ein sehr fleißiger und motivierter toller schwarzer Menorquiner. Jetzt geht es täglich ins Gelände. Ganz viel allein, aber auch öfter mal mit zwei oder mehreren Pferden. Er zeigt sein einstudiertes Verhalten tatsächlich nur am Anfang ziemlich stark. Dies lässt aber recht schnell nach, da er merkt, dass er uns damit völlig unbeeindruckt lässt. Am Ende hat er Spaß daran, locker und flockig mit Nele durchs Gelände zu marschieren.

STILLSTEHEN UNTER DEM REITER

Mehr Zeit benötigen wir bei dem Problem des Stillstehens mit dem Reiter. Hier hatten wir ja schon am Anfang die Vermutung, dass er auch unter dem Reiter genau dieses Verhalten zeigen würde wie er es schon am Boden gezeigt hatte. Er konnte einfach nicht stillstehen. Uns ist klar, dass das unter dem Reiter wohl genauso aussehen würde.

Die Besitzerin berichtete uns schon davon. Hier durfte er ziemlich viel rumzappeln und sich immer fortbewegen, denn Am-Zügel-Ziehen, um ihn so zum Stehen zu bekommen, hat ihn relativ wenig beeindruckt und sie bekam kein HALT bei ihm hin. Apollo lernte, dass er einfach ignorieren konnte, was seine Reiterin für Impulse setzte.

Dieses förderte seine unruhige Art und Apollo war gar nicht in der Lage, ein ruhiges, ausgeglichenes Verhalten zu zeigen. Apollo ist somit mittlerweile regelrecht immun bzw. stumpf gegen die Zügelhilfe und ignoriert sie komplett. Hier hilft genial das seitliche Biegen. Dabei wird dem Pferd die Balancestange genommen, nämlich Hals und Kopf, und es kann nicht mehr geradeaus laufen. Die vier Füße kommen zum Stehen.

1 Erst wird das Biegen im Stehen geübt.

2 Apollo hat die Übung verstanden und kann nun auch aus der Bewegung angehalten werden.

Er muss sich in dieser Haltung ausbalancieren, ist somit abgelenkt, hat was zu tun und wird so ruhig und ruhiger. Wir benutzen ab sofort nicht mehr beide Zügel, um Apollo zum Anhalten zu bringen, sondern nehmen seine Nase durch die seitliche Zügelhilfe auf unser Knie, und schon muss er einfach anhalten und bleibt stehen. Sobald er stillsteht, wird der Zügel wieder losgelassen.

Apollo nimmt das aber wieder zum Anlass, losgehen zu wollen. Wir müssen also direkt wieder reagieren und zwei Sekunden später wieder den Kopf auf unser Knie holen.

Dieses Spiel muss nun unglaublich oft wiederholt werden. Apollo muss einfach verstehen, dass es nur noch die Option Stillstehen oder die Option Kopf auf Knie gibt.

Da ist nun reiterliches Geschick und ganz viel Geduld gefragt. Diese zwei Übungen muss man ab sofort immer und ständig anwenden. So lernen Pferde relativ schnell, dass sie nur noch diese zwei Möglichkeiten haben, und werden immer kooperativer.

Wichtig ist, dabei nicht zu schimpfen, nicht zu meckern, nicht zu hauen, sondern einfach emotionslos immer wieder die Nase auf das Knie zu holen. Wenn Apollo dann steht, ist natürlich ganz viel Lob, richtig streicheln und Entspannung wichtig.

Wenn man das über mehrere Wochen wirklich durchzieht, bekommt man sehr schnell gute Ergebnisse und man braucht nach ein paar Tagen nur noch so zu tun, als ob man den Kopf mit dem Zügel rumholen möchte, dann bleibt das Pferd meist schon stehen. An dieser Stelle ist es wichtig, den Kopf nicht mehr komplett bis zum Knie zu holen, sondern sofort den Zügel loszulassen, wenn man merkt, dass das Pferd die Idee hat, stehen zu bleiben. Ein toller Nebeneffekt ist, dass wenn das Pferd also viel ruhiger auf seinen vier Füßen steht, es auch im Kopf immer ruhiger und immer lockerer wird. Es beruhigt sich dadurch, lässt dabei den Hals fallen, die Augen werden kleiner und entspannter. Das Pferd wartet entspannt ab, bis es weitergeht, da es gelernt hat, dass es nicht unfair behandelt wird.

Dadurch, dass wir jeden Tag gleich zu Apollo sind, lernt er, uns zu vertrauen, und wir werden für ihn einschätzbar. Genau das ist es, was ein Pferd braucht – Routine, Souveränität, Klarheit, Führung und Grenzsetzung.

So sieht unser Training also die darauffolgenden Wochen aus: Ausreiten, Beritt und Korrektur seiner reiterlichen Ausbildung.

Ab einem bestimmten Punkt der Ausbildung bzw. des Trainingscamps ist es für diesen Prozess wichtig, dass der Besitzer sich am Training beteiligt. Denn nicht nur das Pferd muss umdenken lernen, sondern mindestens genauso wichtig ist es, den Besitzer zu schulen. Beide sollen ja dann an einem Strang ziehen und eine Sprache sprechen. Sie wollen ja entspannte und schöne Ausritte erleben.

Die Mühe hat sich gelohnt: Apollo kann nun bei seiner Besitzerin entspannt sein Leben als Freizeitpferd genießen.

COACHING MIT ANETT

Da der Mensch das intelligentere Tier ist, muss er an dieser Stelle mehr für eine funktionierende Pferd-Mensch-Beziehung tun als das Pferd. Anett muss sich nun also einlassen und bereit sein, sich zu verändern, dazuzulernen und Dinge ab sofort anders zu machen. Auch das ist natürlich ein Prozess und kann nicht sofort verändert werden.

Apollo ist mittlerweile wieder zu Hause und ich bin glücklich, nur Positives von den beiden berichtet zu bekommen. Er ist noch immer super brav, bleibt, wann immer es Anett möchte, ruhig stehen und die beiden machen tolle Ausritte zusammen. Falls Apollo doch mal nachfragt, ob sich Anett wirklich sicher ist, kann sie diese Situationen sehr ruhig und souverän meistern und schafft es, dass Apollo dann einfach wieder brav weitergeht.

Es ist also ein schönes Happy End, das der kleine süße und wirklich tolle Apollo nach all seinen Reisen und Erlebnissen auch verdient hat.

DIE ÄNGSTLICHE

Marie hat einen rassetypischen schnellen Trab. Trotz ihrer Angst vor Traktoren ist sie sehr zugänglich.

Marie und Nicole

Marie ist eine zwölfjährige Traberstute und bis zu ihrem vierten Lebensjahr auf der Rennbahn professionelle Trabrennen gelaufen. Eine Woche nach ihrem letzten Rennen kam sie zu Nicole.

Besitzerin Nicole ist eine große Liebhaberin dieser Rasse und besitzt Traber bereits seit 30 Jahren. Als passionierte Distanzreiterin reitet sie mittlerweile schon fast professionell Rennen. Marie sollte ihr nächstes Pferd für den Sport werden. Traber laufen in dieser Sportart sehr erfolgreich und sind weitverbreitet. Nicole fand in Marie eine sehr engagierte und leistungsbereite Stute. Nach kurzer Zeit haben die beiden zueinandergefunden und haben bereits einige Hunderte Kilometer gemeinsam zurückgelegt.

MARIES PROBLEM

Leider hat Marie eine große Baustelle. Wenn man Distanzen von bis zu 120 km läuft, kommt man gezwungenermaßen an Straßen vorbei und muss diese manchmal überqueren. Auch LKW und Traktor trifft man des Öfteren auf Feld und Waldwegen. Marie aber hat panische Angst vor großen Fahrzeugen. An diesem Problem arbeitet Nicole nun schon lange Zeit leider ohne Erfolg. Durch diese Panik kam es bereits zu einigen gefährlichen Situationen bis hin zu Verletzungen bei Nicole. Als Nicole sich an uns wendet, bin ich zuversichtlich, ihr helfen zu können. Ich freue mich auf die beiden und diesen spannenden Fall, der auch für viele andere Pferdebesitzer ein Alltagsproblem darstellt.

Das Thema Angst ist eines der Hauptthemen in unserem Umgang mit dem Fluchttier Pferd. Ohne den Fluchtinstinkt hätten sie die Evolution wahrscheinlich nicht überlebt. Ihre Angst- und Fluchtreaktion müssen wir umkehren und uns ihre angeborene Neugier zunutze machen. Denn so kann es gelingen, dass die Pferde das Angstobjekt betrachten und überlegen, ob panisches Wegrennen sinnvoll wäre oder man sich die Energie sparen sollte. Pferde wollen sich mit uns Menschen wohl und sicher fühlen. Diese Sicherheit gibt der Mensch dem Pferd oft nicht und somit auch keine Ruhe und Harmonie. Der Mensch denkt anders als das Pferd, dies ist die Ursache für viele Missverständnisse. Beide haben Erwartungshaltungen, die am Ende oft enttäuscht werden. Ein Pferd macht niemals mit Absicht etwas falsch.

»Wenn wir den Pferden verständlich zeigen, was wir möchten, und ihnen unsere Welt in ihrer Sprache erklären, können Pferde Sicherheit und Harmonie bei uns Menschen finden.«

ERSTE TESTS

Als Marie aus dem Hänger trottet, sehe ich eine selbstsichere, sehr aufmerksame und sehr wach schauende Traberstute, der man ihr Temperament ansieht.

Wir stellen sie auf ihr neues Paddock und sie kann erstmal ankommen. Bei Marie muss man nicht ganz so lange mit einer Eingewöhnung warten, da sie das Reisen gewöhnt ist. Sie war knappe drei Jahre auf der Rennbahn und ist in ganz Deutschland Rennen gelaufen. Außerdem hat Nicole in den letzten Jahren mit ihr viele Distanzritte und Trainingslager absolviert. Dahingehend ist sie also sehr cool.

In den ersten Tagen zeige ich ihr die Umgebung und wir machen uns miteinander vertraut. Auf einem dieser kleinen Rundgänge lernt sie auch unseren Traktor kennen. Ich möchte sehen, wie Marie reagiert, und beobachte sie sehr genau.

Es wäre zu viel Stress für Marie, wenn wir das Problem gleich von oben als Reiter angehen würden.

Andererseits wäre es natürlich gefährlich und leichtsinnig, direkt in solch eine Konfrontation zu gehen. Das Pferd kennt uns nicht, somit wäre es wirklich unfair, sich als fremde Person auf ihren Rücken zu setzen.

Es ist für alle am ungefährlichsten, wenn wir uns das Ganze vom Boden aus anschauen. Erst taste ich mich am langen Arbeitsseil sowie Knotenhalfter an meinen großen SUV inklusive Anhänger und schaue, wie sie reagiert. Stehende Fahrzeuge sind scheinbar kein Problem.

Im nächsten Schritt bitte ich meine Co-Trainerin, mein Auto ohne Anhänger zu fahren, um zu schauen, wie Marie auf ein größeres fahrendes Auto reagiert. Gut, dass gerade die Felder abgeerntet sind und wir somit viel Platz auf den Stoppelfeldern haben. Marie regiert schon etwas wacher und beobachtet genauer, bleibt aber kontrollierbar. Dann rüsten wir weiter auf und holen unseren Hubtraktor, der klein und handlich ist und weniger laut.

Ich bitte meine Co-Trainerin, mit gutem Abstand an uns vorbeizufahren, während ich mit Marie auch darauf zulaufe. Sofort versucht sie auszubrechen, um Distanz zum Traktor zu bekommen. Sie wird unruhiger, obwohl der Traktor wirklich noch weit weg ist.

Der Traktor wendet und nähert sich von hinten. Das findet Marie besonders schrecklich, da sie den Traktor nicht richtig sehen kann und so die Situation, das Gelände und die Abstände überhaupt nicht richtig einschätzen kann.

Das macht ihr Angst und sie bekommt Panik, möchte sich natürlich schnellstens umdrehen, um das Angstobjekt von vorn zu sehen und dann unter Umständen wegzulaufen, damit wieder ein großer Abstand zwischen ihr und dem Objekt entstehen kann.

Maries Einstellung ist klar: Das Ungetüm ist gefährlich!

MEINE EINSCHÄTZUNG

Dies alles ist noch kein Training, sondern dient dazu, Marie besser kennen und einschätzen zu lernen und ein Gespür für ihre Angst zu bekommen. Wichtig ist, anders zu reagieren als sie es gewöhnt ist. Das heißt, nicht am Halfter ziehen, um sie festzuhalten, und sie vom Wegrennen abzuhalten. Das dürfen wir nicht verhindern wollen, denn das macht ihr unter Umständen mehr Angst oder zumindest genauso viel wie der Traktor selbst. Für ein Fluchttier ist es eine schlimme Situation, wenn es sich eingeengt fühlt und nicht weggehen kann.

Springt sie mit einem Ruck weg, gebe ich am Seil nach, gehe ihr gegebenenfalls noch ein bisschen hinterher. Sobald sie wieder stillsteht, bewege ich mich weiter in Richtung Traktor. Sie darf also herausfinden, dass sie nicht festgehalten wird, und weggehen könnte, wenn sie es wollte. Durch diese Veränderung, diese andere Reaktion von uns Menschen wird sie sicherer, wodurch wiederum wird ihr Vertrauen in uns wachsen wird. Ab heute schauen wir uns auch nach einem kleinen Schreckmoment immer gemeinsam an, was sie so erschreckt hat. Entscheidend ist, dass sie keinen Stress mit den Menschen bekommt, nur weil sie Angst hat. Das ist tatsächlich der Schlüsselmoment im gesamten Trainingsverlauf mit Marie. Sie kann sich entspannen und das Erlebte verarbeiten.

Wichtig ist also, in dieser Situation nicht am Seil zu ziehen, um das Pferd festzuhalten. Ich lasse das lange Arbeitsseil locker und gebe sogar nach, sodass Marie ins Leere seitlich nach hinten wegspringen kann. In dieser Sekunde bekommt sie keinen Druck. Nach 2 Metern steht sie wieder und schaut um sich. Das machen wir jetzt noch ein-, zweimal in mehreren Varianten, dann lasse ich es für heute gut sein, denn ich wollte ja nur sehen, wie sie reagiert.

DIE TRAININGSSCHRITTE

Im nächsten Schritt muss der Traktor positiv belegt werden und sie soll ihre negativen Erfahrungen im besten Fall zu 100 % vergessen. Das heißt, wir müssen mehr positive Erlebnisse mit dem Traktor schaffen.

Das Arbeitsseil bleibt locker, auch wenn Marie versucht, der Situation zu entkommen.

Marie wird langsam mutiger und sie schaut sich den Traktor genau an.

Am nächsten Tag habe ich Marie wieder am Knotenhalfter und am Arbeitsseil, der Traktor steht bereit. So gehen wir aufs Stoppelfeld, da sich dies für unser Training anbietet.

Ich versuche, ihr Interesse und ihre natürliche Neugier zu wecken, sodass ihr erster Gedanke nicht mehr Flucht ist oder sie meint, dass es bestimmt gleich am Kopf wehtut und sie nicht weg kann. Sie soll in Ruhe hinschauen und erstmal überlegen.

Es ist wichtig, dass der Traktor nicht direkt auf sie zufährt, sondern von ihr weg. So jagt nämlich quasi SIE den Traktor und entwickelt das Gefühl von Stärke und Selbstbewusstsein. Das klappt nach mehreren Runden ganz gut und sie scheint das Prinzip verstanden zu haben. Sobald der Traktor eine Vorwärtsbewegung macht, geht ihr Kopf jedoch hoch und sie ist aufgeregt, ihre Augen sind riesig und sie ist offensichtlich sofort im Stressmodus. Dies ist die Situation, die ich in den nächsten Tagen und Wochen vermeiden möchte. Das bedeutet also täglich Traktor jagen. Immer und immer wieder.

Zum Glück treffen wir in den nächsten Tagen noch auf den einen oder anderen Mähdrescher oder auch andere laute, für Marie gruselige, landwirtschaftliche Fahrzeuge. Je größer und lauter, desto panischer wird unsere kleine Marie.

Aber es hilft ja alles nichts – wir müssen uns irgendwie an das alles herantasten, ohne dass sie sich auch nur einmal als Gejagte fühlt.

UNTER DEM SATTEL ZUM TRAKTOR

Nachdem es nun am Arbeitsseil wirklich gut geht und Marie den Traktor duldet, kommt die nächste Steigerung. Gespannt warten wir auf ihre Reaktion, wenn der Mensch nicht mehr vorn am Kopf zur Sicherheit steht, sondern auf ihrem Rücken sitzt. Dazu fahre ich nun den Traktor und Nele darf in den Sattel. Wie erwartet fällt Marie in alte Muster zurück und zeigt ihr Angstverhalten.

Klar, jetzt fehlt die Sicherheit vom Boden und Marie hat wieder Angst. Dafür hat sie schon zu viele Jahre lang in ihrem Muster in genau diesen Situationen gelebt. Es geht mir darum, auch hier eine Verknüpfung zu schaffen, die nicht mehr negativ, sondern positiv ist.

Ich fange damit an, dass sie erstmal wieder den Traktor jagen darf. Dies müssen wir natürlich ein paarmal wiederholen, damit sie merkt, der Traktor greift sie wirklich nicht an. Das machen wir auf einer großen Wiese, wo sie ein großes uneingeschränktes Sichtfeld hat. Zudem ist es für alle Beteiligten das Sicherste. Gäbe es hier Straßen, Gräben, Bäume, Zäune, wären das für Marie alles enge Stellen. Aber sie darf und muss als ersten Therapieschritt die große Freiheit sehen und fühlen.

Es ist wichtig, dass wir sie nach und nach immer näher an den Traktor kommen lassen.

Mit Reiter auf dem Rücken ist es nochmal viel schwerer für Marie, dem Traktor zu begegnen.

ARBEIT MIT POSITIVER VERSTÄRKUNG

Ich spüre ihre große Angst. Mein Bauchgefühl sagt mir, dass wir hier mit einem normalen Desensibilisierungstraining keine guten und vor allem nachhaltigen Trainingserfolge erzielen würden. Ich muss meine Trainingsmethode ändern.

Da Marie alle großen Fahrzeuge und Traktoren negativ besetzt hat, muss das Gegenteil erreicht werden. Also arbeiten wir mit positiver Verstärkung, was die gängigste und schönste Methode im Tiertraining darstellt. Was gibt es Positiveres als Leckerlis? Also versuchen wir damit den Traktor positiv zu belegen.

Es funktioniert prima. Sie versteht sofort, dass es dort immer was Leckeres zu futtern gibt.

Wir nutzen also dieses Trainingsprinzip in allen Varianten. Irgendwann lassen wir den Traktor auf Marie zufahren. Ihr erster Impuls ist ganz klar Flucht. Entscheidend ist nun, dass Nele ihr weder im Maul reißt, um sie festzuhalten, noch sie mit dem Schenkel vorwärtspusht. Marie darf wegspringen, Nele muss ihr durch Ausatmen Entspannung signalisieren, ihr wieder Mut zusprechen und spielerisch versuchen, zum Objekt der Angst zu gehen, es zu untersuchen und im besten Fall auch etwas zu fressen zu finden.

1 Marie traut sich an den Traktor.

2 Der Futtereimer in der Traktorschaufel hilft Marie, ihre Angst zu überwinden.

Nele beweist hohe Sattelfestigkeit bei Maries plötzlichen Reaktionen.

REITERLICHES VERMÖGEN

An dieser Stelle muss ich sagen, dass hier wirklich reiterliches Geschick das A und O ist. Erstens muss Nele Maries Manöver richtig gut sitzen, um nicht runterzufallen, was bei der quirligen und schnellen Marie wirklich schwierig ist. Es gab oft Szenen und Sekunden, wo ich dachte, oje, jetzt rutscht sie doch seitlich runter, da sich Marie so schnell drehte. Aber zum Glück ist Nele eine versierte Reiterin, dazu noch klein und schlank und kann sich einfach dadurch gut auf Marie regelrecht festklammern.

Das Schlimmste wäre an dieser Stelle natürlich, dass das Pferd das merkt und dadurch lernt, den Reiter loszuwerden, um dann womöglich das Weite zu suchen. Andererseits darf der Reiter nicht nur Druck ausüben, denn das ist auch Stress fürs Pferd. Stress hat Marie allein durch den Traktor ja genug.

Es ist wirklich reiterliches Geschick und Gefühl gefragt, um Marie zu lenken und zu leiten und ihr vor allem zu helfen. Druck und Stress lassen ein Pferd nicht entspannter werden und schon gar nicht lernen.

Nach einigen Wochen ist es nun so, dass Marie quasi gar keinen Meter mehr mit ihrer Reiterin läuft, ohne dass sich der Traktor neben, hinter oder vor ihr befindet. Sie ist mittlerweile auf den Traktor fixiert, vor dem sie komplett ihre Angst verloren hat. Sie will sich immer den Moment erarbeiten, um wieder ein Leckerli zu bekommen.

Ich kann nun mit dem Traktor von ihr weg und auch, was vorher überhaupt nicht möglich war, auf sie zufahren und sie bleibt total locker und entspannt stehen. Natürlich nicht ohne Hintergedanken: Sie will ihre Belohnung.

CLICKER-TRAINING

Es ist nun an der Zeit, unsere Methode abzuwandeln. An der Stelle kommt das Clicker-Training ins Spiel. Mit einem Clickergeräusch verbinden wir, sobald ein Traktor in der Nähe zu sehen oder hören ist, eine Leckerligabe vom Sattel aus.

Erst wird das Clicker-Training am Boden begonnen. Das Pferd muss generell verstehen, dass es bei diesem Klickgeräusch ein Leckerli gibt. Hat es das verstanden, muss es begreifen, dass es bei Berührung einer Sache ein Leckerli gibt. Dafür nehme ich am Anfang immer einen Kegel. Das kann man unendlich ausweiten und mit dem Clicker-Training sind wirklich großartige Dinge erlernbar.

An dieser Stelle mit Marie reicht mir, dass sie versteht: Klick – es gibt ein Leckerli. Natürlich erlernt das jedes Pferd am Boden total schnell. So auch Marie. Wir steigen wieder in den Sattel und nun wird Nele immer, wenn ich mit dem Traktor vorbeifahre, klicken und Marie ein Leckerli ins Maul schieben. Dazu kommen wie bei allem viele Wiederholungen. Wie zu erwarten war, versteht Marie schnell und fixiert sich immer mehr auf den Reiter und nicht mehr so stark auf den Traktor.

Das Clicker-Training begreift Marie sehr schnell.

TRAINING MIT NICOLE

Als ich Nicole erzähle, dass wir mit Marie mit dem Clicker arbeiten, ist ihre Antwort: Ja cool, das Clicker-Training ist mir natürlich bekannt, denn ich clickere bereits schon meine Hunde.

Das ist super, da das Clicker-Training auch ein bisschen Erfahrung und vor allem Timing benötigt, damit das Tier es richtig verknüpft und man weiß, wie man es in brenzligen Situationen anwendet. Und siehe da, die Einweisung und die erste Anwendung gehen problemlos und Nicole versteht schnell unser Prinzip mit den Pferden.

Eine große Baustelle kann ich jedoch nicht so schnell trainieren: Nicoles Angst und Respekt, die sie vor diesen Situationen mit den Traktoren aus Erfahrung noch hat. Die schlimmen Bilder im Kopf und auch ihre Verknüpfung sind nicht positiv belegt. Sie muss wieder Vertrauen bekommen, einmal in ihre Marie und auch in sich selbst. Auch das funktioniert nur über Wiederholungen und über einen positiven Trainingserfolg.

Nicole ist eine sehr gute, sichere Reiterin mit sehr viel Pferde- und Reiterfahrung, sodass ich hier gar keine Probleme sehe. Schon nach einem Trainingstag bei mir hat sich ihre Haltung gegenüber Traktoren und ähnlichen Situationen geändert und ich kann die beiden mit einem guten Gefühl zusammen nach Hause schicken, wo sie diese Trainingsmethode und Maries neues Verhaltensmuster einfach in ihren Alltag einbauen können.

Nicoles Feedback nach einigen Wochen zu Hause ist wirklich grandios. Maries Einstellung zu großen und lauten Fahrzeugen hat sich komplett gewandelt. Nicole kann Marie am Boden sowie vom Sattel aus in solchen Situationen vertrauen. Marie zeigt so gut wie keine Angst mehr bzw. zeigt sogar Neugier und will das Objekt genauestens untersuchen und sich natürlich am Ende ihre Belohnung abholen. Das ist eine großartige Wandlung von Pferd und Reiterin, die mich sehr froh und etwas stolz macht.

BILDNACHWEIS

126 Fotos wurden von Martina Tiedemann – Zauberwaldfoto (58: S. 4 – 53) und Jessica Freymark (68: S. 4/5, S. 54-127) für dieses Buch aufgenommen.

IMPRESSUM

Umschlaggestaltung von GRAMISCI Editorialdesign, Isabelle Fischer, München, unter Verwendung von 2 Farbfotos (Umschlagvorder- und Rückseite) von Sebastian Pfütze. Die Fotos der Umschlagklappen erstellten Martina Tiedemann – Zauberwaldfoto (vorne innen) und Jessica Freymark.

Mit 126 Farbfotos.

Alle Angaben in diesem Buch erfolgen nach bestem Wissen und Gewissen. Sie entbinden den Pferdehalter nicht von der Eigenverantwortung für sein Tier. Autorin und Verlag übernehmen keinerlei Haftung für Personen-, Sach- und Vermögensschäden, die aus der Anwendung der vorgestellten Materialien und Methoden entstehen können.

Unser gesamtes Programm finden Sie unter **kosmos.de**.
Über Neuigkeiten informieren Sie regelmäßig unsere Newsletter, einfach anmelden unter **kosmos.de/newsletter**

Gedruckt auf chlorfrei gebleichtem Papier

© 2021, Franckh-Kosmos Verlags-GmbH & Co. KG,
Pfizerstraße 5 – 7, 70184 Stuttgart
Alle Rechte vorbehalten
ISBN 978-3-440-15944-6
Redaktion: Katja Pauls
Gestaltung und Satz: Atelier Krohmer, Dettingen/Erms
Produktion: Claudia Frank
Druck und Bindung: Westermann Druck Zwickau GmbH, Zwickau
Printed in Germany / Imprimé en Allemagne